Organic Chemistry for Medical and Life Sciences

医療・生命系 のための 有機化学

野島高彦
Takahiko Nojima

化学同人

はじめに

　この本は，楽しみながら有機化学についての理解を深めていけるようにつくられた教科書です．2012 年に出版した『はじめて学ぶ化学』の有機化学編のつもりで執筆しましたが，この本だけでも問題なく有機化学を学ぶことができます．

　高校では有機化学を「化学基礎」では学ばず，「化学」が半分以上進んでから学び始めます．みなさんのなかには，「化学基礎」だけしか履修していなかったとか，「化学」を履修してはいたものの，有機化学の範囲が身につかなかった，という人もいることでしょう．有機化学についてよくわからないまま，医療や生命科学に関係する勉強をしようと思って大学や専門学校に進学したものの，有機化学について基本的な知識や考え方が身についていることを前提に教科書が書かれていたり，講義や実習が進んでいったりして困っている，という人は珍しくありません．そんなときに，みなさんにとって力強い味方になってくれる一冊となるように，この本にはたくさんの工夫が盛り込まれています．たとえば p. 8 では，同じ構造であってもさまざまな描き方があることをくわしく説明しています．p. 12 から p. 13 を読めば，「こっちについている $-CH_3$ と，あっちについている CH_3- は，何が違うのだろうか？」とか，「この場合は H_2N- と書くべきなのだろうか，それとも NH_2- と書くべきなのだろうか？」といった迷いは解決します．こうした基本的なものごとでつまずいてしまって先に進めなくなってしまっている人の話をよく耳にします．

　有機化学では分子の立体構造について考える場面があります．細胞内での分子の働きや，薬の効き目が分子の立体構造と関係しているからです．しかし，紙面という平面を使って立体構造を説明するのは簡単ではありません．立体図形を考えるのが苦手な人もいます．そこで，人間のポーズをたとえに化合物の立体構造を説明することにしました．p. 37 を見にいってください．こういう説明をしている有機化学の教科書はこれまでになかったことでしょう．

　この本の後半では，医薬品，私たちの身体を組み立てている有機化合物，DNA 増幅に使われる PCR，mRNA ワクチンなど，生命現象や医療に関係するものごとについても学びます．みなさんがこの本で学んだものごとを，これからの勉強や将来の仕事に役立ててくれることを願っています．

　本書をまとめるにあたり，化学同人の栩井文子さん，澤藤萌佳さんにはたいへんお世話になりました．ここに記して深く感謝いたします．

2024 年 9 月

野島　高彦

CONTENTS

01 有機化合物の世界　1

1.1 炭素を含む化合物の世界 ・・ 1
1.2 たくさんあるから整理して全体像をとらえよう：有機化合物の共通性と多様性 ・・・・・・・ 2
1.3 有機化合物の構造を描いて説明する：点電子構造・線結合構造・短縮構造・骨格構造・・・ 5

COLUMN　最大の天然化合物　4 / メタンハイドレート　6

02 炭素原子のつながりかたから見た有機化合物の世界　炭化水素の分類　17

2.1 炭素と水素の2種類だけからさまざまな構造パターンがつくられる：炭化水素の分類 ・・ 17
2.2 単結合だけで組み立てられている炭化水素：アルカン ・・・・・・・・・・・・・・・・・・・・・・・ 18
2.3 二重結合をもつ炭化水素：アルケンとシクロアルケン ・・・・・・・・・・・・・・・・・・・・・・・ 22
2.4 三重結合をもつ炭化水素：アルキン ・・・・・・・・・・・・・・・・・・・・・・・・・・・・・・・・・・・ 24
2.5 ベンゼン環を含む炭化水素：芳香族炭化水素 ・・・・・・・・・・・・・・・・・・・・・・・・・・・・・ 25
2.6 分子の形がどのように決まるのか？・・・・・・・・・・・・・・・・・・・・・・・・・・・・・・・・・・・ 25

COLUMN　クロロホルムでは眠れない　21 / エチレンは植物ホルモン　23

03 鏡の国の有機化学　立体異性体　33

3.1 鏡のこちらと鏡の向こう：鏡像異性体 ・・・・・・・・・・・・・・・・・・・・・・・・・・・・・・・・・ 33
3.2 鏡像異性体ではないけれども不斉炭素原子をもつ構造：ジアステレオ異性体 ・・・・・・・・ 37
3.3 不斉炭素原子をもつのに鏡像異性体がない：メソ化合物 ・・・・・・・・・・・・・・・・・・・・・ 41
3.4 不斉炭素原子をもたないのに鏡像異性体がある ・・・・・・・・・・・・・・・・・・・・・・・・・・・ 44

COLUMN　鏡の国の香り　36 / メントール　38

04 分子をくっつける・つなぐ・取り外す　付加・付加重合・脱離　47

4.1 取りつける：付加反応 ・・・ 47
4.2 取り外す：脱離反応 ・・ 49
4.3 次つぎとつながる：付加重合 ・・・・・・・・・・・・・・・・・・・・・・・・・・・・・・・・・・・・・・・ 51
4.4 アルキン ・・ 56
4.5 共役二重結合 ・・・ 57

COLUMN　こんなところにポリプロピレンが！　55 / 自然界にみられる構造パターンの「使い回し」　58

05 アルコールからペットボトルまで　酸素を含む有機化合物　　61

5.1　あれもこれも酸素を含む有機化合物‥‥‥‥‥‥‥‥‥‥‥‥‥‥‥61
5.2　アルコール：ヒドロキシ基をもつ有機化合物‥‥‥‥‥‥‥‥‥‥‥61
5.3　カルボニル基をもつ化合物：アルデヒドとケトン‥‥‥‥‥‥‥‥‥65
5.4　カルボン酸‥‥‥‥‥‥‥‥‥‥‥‥‥‥‥‥‥‥‥‥‥‥‥‥‥‥68
5.5　エステル‥‥‥‥‥‥‥‥‥‥‥‥‥‥‥‥‥‥‥‥‥‥‥‥‥‥‥70
5.6　エーテル‥‥‥‥‥‥‥‥‥‥‥‥‥‥‥‥‥‥‥‥‥‥‥‥‥‥‥75
5.7　酸素を含む有機化合物と水素結合‥‥‥‥‥‥‥‥‥‥‥‥‥‥‥‥75
5.8　ケト-エノール互変異性‥‥‥‥‥‥‥‥‥‥‥‥‥‥‥‥‥‥‥‥77

COLUMN　　ワインを PET ボトルに入れない　64 / 麻酔のある時代に生まれてよかった！　76

06 正六角形のリング　ベンゼン環を含む有機化合物　　81

6.1　ベンゼン環を含む有機化合物‥‥‥‥‥‥‥‥‥‥‥‥‥‥‥‥‥‥81
6.2　ベンゼン環のしくみ‥‥‥‥‥‥‥‥‥‥‥‥‥‥‥‥‥‥‥‥‥‥82
6.3　ベンゼン環の水素 H が別のものに置き換わる：置換‥‥‥‥‥‥‥‥84
6.4　オルト，メタ，パラ：ベンゼン置換体‥‥‥‥‥‥‥‥‥‥‥‥‥‥87
6.5　ベンゼン環をもつ炭化水素の酸化‥‥‥‥‥‥‥‥‥‥‥‥‥‥‥‥89
6.6　フェノールとその関連化合物‥‥‥‥‥‥‥‥‥‥‥‥‥‥‥‥‥‥90
6.7　複雑な医薬品も簡単な分子から合成される‥‥‥‥‥‥‥‥‥‥‥‥92

COLUMN　　人類にはどこまで複雑な化合物が合成できるのか　93 / メチル基 1 個の違いだが‥‥　94

07 医薬品から爆薬まで　窒素を含む有機化合物　　97

7.1　窒素を含む有機化合物‥‥‥‥‥‥‥‥‥‥‥‥‥‥‥‥‥‥‥‥‥97
7.2　窒素を含む有機化合物の分類‥‥‥‥‥‥‥‥‥‥‥‥‥‥‥‥‥‥98
7.3　アミン‥‥‥‥‥‥‥‥‥‥‥‥‥‥‥‥‥‥‥‥‥‥‥‥‥‥‥‥99
7.4　アミド‥‥‥‥‥‥‥‥‥‥‥‥‥‥‥‥‥‥‥‥‥‥‥‥‥‥‥105
7.5　ニトロ化合物‥‥‥‥‥‥‥‥‥‥‥‥‥‥‥‥‥‥‥‥‥‥‥‥109
7.6　ニトリル‥‥‥‥‥‥‥‥‥‥‥‥‥‥‥‥‥‥‥‥‥‥‥‥‥‥109

COLUMN　　カフェインの魅力　104 / 違法ドラッグに手をだしてはいけない別の理由　110

08 砂糖からあぶらまで　糖質と脂質　113

8.1　私たちの身体をつくっている有機化合物：生体分子・・・・・・・・・・・・・・・・・・・・・・・・・・・・113
8.2　糖　質・・113
8.3　脂　質・・119

COLUMN　うるち米ともち米　118 / 天然にもっともたくさん存在する有機化合物　119

09 アミノ酸がつながってタンパク質になる　127

9.1　タンパク質はどこにあるのか・・127
9.2　タンパク質を組み立てるブロック：アミノ酸・・・・・・・・・・・・・・・・・・・・・・・・・・・・・・127
9.3　アミノ酸がつながった分子：ペプチド・・・・・・・・・・・・・・・・・・・・・・・・・・・・・・・・・・・・130
9.4　タンパク質・・・133
9.5　触媒として働くタンパク質・・・136
9.6　アミノ酸がつながって酵素になるまで・・・・・・・・・・・・・・・・・・・・・・・・・・・・・・・・・139

COLUMN　人工甘味料アスパルテーム　132 / 毛髪パーマ　135 /
秩序正しい立体構造をもたないタンパク質　136

10 DNA・RNA・遺伝暗号　核酸の化学　141

10.1　DNA・・141
10.2　RNA：もうひとつの核酸・・・146
10.3　ウイルスの遺伝情報系・・153
10.4　エネルギー貯蔵物質 ATP・・154

COLUMN　有機化学から考える生物進化　145 / 調味料となるヌクレオチド　149 /
ヌクレオシドに似た抗ウイルス薬　154

11 プラスチックとその仲間　合成高分子化合物　157

11.1 プラスチック：合成樹脂 ・・ 157
11.2 熱硬化性樹脂 ・・・ 161
11.3 合成繊維：化学繊維 ・・ 163
11.4 ゴ　ム ・・・ 165
11.5 さまざまな合成高分子 ・・ 166

COLUMN 生分解性プラスチックと生分解性繊維　161 / 瞬間接着剤のしくみ　165 / ケシゴムがプラスチック板にくっついて離れない！　168

12 衣食住・医薬品の有機化学　171

12.1 私たちが食べているもの：食品に含まれる有機化合物 ・・・・・・・・・・・・・・・・・・ 171
12.2 繊　維 ・・・ 175
12.3 洗　剤 ・・・ 177
12.4 木と紙の有機化学 ・・・ 179
12.5 医薬品の有機化学 ・・・ 181

COLUMN 甘さを求めて　172 / 木材の替わりになる材料がない　180 / 医薬品の開発はどれくらいたいへんなのか　183

13 医療と生命科学を支援する有機化学　185

13.1 有機化学はどのように医療と生命科学を支援しているのだろうか ・・・・・・・・・ 185
13.2 ペプチドを合成する ・・ 185
13.3 DNA の合成にも固相法の考え方を応用できる ・・・・・・・・・・・・・・・・・・・・・・・・・ 189
13.4 DNA の配列を読む：DNA シーケンシング ・・・・・・・・・・・・・・・・・・・・・・・・・・・・・ 189
13.5 DNA をネズミ算式に増やす：PCR ・・・・・・・・・・・・・・・・・・・・・・・・・・・・・・・・・・・・ 192
13.6 mRNA ワクチンで感染症と戦う ・・・・・・・・・・・・・・・・・・・・・・・・・・・・・・・・・・・・・・ 194

COLUMN 実験操作の自動化で科学が進歩し普及する　192 / 「選択と集中」では人類は生き残れない　195

付　録 ・・ 197
索　引 ・・ 199

chap 01 有機化合物の世界

本章のねらい

1. 有機化合物とは何なのかを，具体的な例をあげて説明できる．
2. さまざまな方法で描かれた有機化合物の構造式が意味するものごとを，読み取れる．
3. 有機化合物の構造を，さまざまな方法で描くことができる．

1.1 炭素を含む化合物の世界

有機化合物と有機化学

1.1.1 具体的にどのようなものが有機化合物なのか —— 衣食住から人体まで

　有機化合物に一切かかわることなく1日を過ごすことは不可能である．食物中のタンパク質や炭水化物，脂質は，いずれも有機化合物である．紙や木材，プラスチック類，衣類の素材も，すべて有機化合物である．そして私たちの身体も，さまざまな有機化合物の集まりである．この世界には，天然に存在するものと，人工的につくられたものとをあわせて，2億種類を超える化合物が存在する[*1]．そのうちの1億数千万種類が，有機化合物である．

*1 化合物が発見または合成された化合物には「CAS登録番号」が割り当てられるしくみになっている．ここに最新の化合物数が記されている．https://www.cas.org/cas-data/cas-registry

1.1.2 炭素を含むか含まないかで分ける

　構成元素として炭素Cを含む化合物を，**有機化合物**（organic compound）とよび，有機化合物についての化学を，**有機化学**（organic chemistry）とよぶ．これに対し，有機化合物ではない化合物を**無機化合物**（inorganic compound）とよび，無機化合物についての化学を，**無機化学**（inorganic chemistry）とよぶ[*2]．

*2 一酸化炭素 CO，二酸化炭素 CO_2，シアン化物イオン CN^- を含む塩（たとえばシアン化カリウム KCN），炭酸イオン CO_3^{2-} を含む塩（たとえば炭酸カルシウム $CaCO_3$），炭酸水素イオン HCO_3^- を含む塩（たとえば炭酸水素ナトリウム $NaHCO_3$）などは，無機化合物に分類することが多い．有機化合物と無機化合物の厳密な分類について考える必要はない．

1.1.3　有機化学の全体像

　有機化合物の種類が1億種類以上あると知って，すでに挫折しかけている読者もいるかもしれない．しかし，その必要はまったくない．種類が多いかどうかと，内容が難しいかどうかは，まったく別の問題だからである．種類の多さが原因でこの本の最後のページまでたどり着けないということはないので，安心していただきたい．

1.1.4　種類が多くても問題ない

　生き物が好きな読者もたくさんいることだろう．好きな科目や得意な科目に「生物学」をあげる人は珍しくない．しかし，そう答える人びとが，地球上のすべての生き物を知っているわけではない．これまでに確認されている生き物の種類は，約175万種類である．この数を知って急に生物学が難しく感じることもないだろう．有機化学も同じである．種類が多いことは，学ぶうえでの障害にならない．

1.1.5　まず全体像をとらえる

　遠くの国にある街について，説明することを考えてみよう．いきなりその街のくわしい住宅地図を見せることはないだろう．地球儀とか世界地図とかから始めて，どの大陸なのか，どの地域なのか，どの国なのか，というように絞り込んでいくのがわかりやすい説明である．最初に全体像をとらえて，それからくわしく理解していく方法は，ものごとを学ぶうえで有効である．有機化学でも同じである．本章では，有機化学とはどのような化学なのかの全体像を，おおざっぱにとらえることを目標にする．

　本書ではさまざまな化合物の名称と構造が登場するが，独立した項目となっている化合物を除いて，暗記する必要はない．それよりも本文に記されている内容を理解しながら，最後のページまでたどり着くことを目指していただきたい．

1.2　たくさんあるから整理して全体像をとらえよう　　有機化合物の共通性と多様性

　有機化合物の種類は1億を超えるが，1億という数の大きさを深刻に受け止める必要はない．なぜなら，次のような理由があるからだ．

- 構成する元素は数種類にすぎない．
- 構造パターンは限られている．
- 反応の種類は4種類だけである．

それぞれどういうことなのか，ここで簡単に紹介しておくことにしよう．

1.2.1 有機化合物を構成する元素は数種類にすぎない

元素の周期表には現在 118 個の元素が並んでいる．このうち有機化学を学ぶうえで登場する，有機化合物を構成する元素は限られており，本書の場合には次の 10 種類だけである（図 1.1）．

H							He
Li	Be	B	C	N	O	F	Ne
Na	Mg	Al	Si	P	S	Cl	Ar
K	Ba	Ga	Ge	As	Se	Br	Kr
Rb	Ra	In	Sn	Sb	Te	I	Xe

図 1.1 有機化合物を構成するおもな元素
炭素 C，水素 H，酸素 O，窒素 N を含むものが多く，ほかにリン P，硫黄 S，ハロゲン（フッ素 F，塩素 Cl，臭素 Br，ヨウ素 I）を含むものもある．本書で学ぶすべての有機化合物は，これら 10 元素のうちのどれかの組合せである．

- ひんぱんに登場する元素：炭素 C，水素 H，酸素 O，窒素 N
- ときどき登場する元素：リン P，硫黄 S，ハロゲン（フッ素 F，塩素 Cl，臭素 Br，ヨウ素 I）

1 億種類を超える有機化合物のなかには，ほかの元素を含むものも多数あるが，本書では扱わないことにする．

1.2.2 構造パターンは限られている

有機化合物はそれぞれ異なった構造をもつが，同じ構造パターンが「使い回し」されている．たとえば図 1.2 に示した化合物 (a) ～ (c) では，-COOH，-OH，-CH₃ といった構成要素が共通して組み込まれている．共通した構成要素をもつ化合物どうしは，化学的に似た性質を示すことが多いので，構造をみて性質を予測できることもある．なお，有機化合物の構造の描き方や読み方については，この先でくわしく説明する．

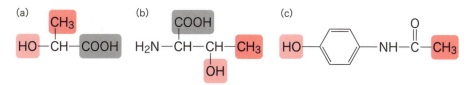

図 1.2 有機化合物にみられる構成要素の使い回し
化合物 (a) ～ (c) は異なる物質だが，-COOH，-OH，-CH₃ といった構造パターンが共通して用いられている．

1.2.3 反応パターンは 4 種類

1 億種類を超える有機化合物はどれもさまざまな反応にかかわるが，有機化合物特有の反応は，基本的に付加，脱離，置換，転位の 4 パターンだけである（図 1.3）．それぞれの具体的な例については，これから先に学んでいくことになる．

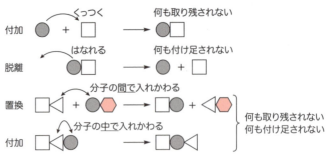

図 1.3　有機化合物の反応 4 パターン
有機化合物の反応パターンはほとんどが付加，脱離，置換，転位のどれかに分類される．

1.2.4　どうして有機化合物には 1 億種類を超える種類があるのか ——炭素原子の性質

さまざまな化合物のなかで，有機化合物の種類が圧倒的に多いのはなぜだろうか．それは，炭素原子 C が，次のような性質をもつからである（図 1.4）．

Column　最大の天然化合物

有機化合物の分子量には，制限がみつかっていない．たとえばレジ袋に使われているポリエチレンの場合，次のような構造が繰り返された分子構造となっている．炭素原子が 25 万個以上連続して共有結合している場合もある．

繰返し構造をもつ有機化合物は天然にも見つかっており，デンプンや天然ゴムの分子量は数百万を超える（デンプンや天然ゴムについては，8 章，11 章で学ぶ）．

繰返し構造をもたない有機化合物で，これまでに見つかっているもっとも大きな分子量のものは，タヒチの海に暮らすサザナミハギという魚から発見された天然毒素マイトトキシンである．マイトトキシンの分子式は $C_{164}H_{256}O_{68}S_2Na_2$，分子量は 3,422 である．マイトトキシンはサザナミハギが合成しているのではなく，サザナミハギが食物としている藻類の一種が合成している化合物である．この化合物は，海に暮らす生物が合成する毒素のなかで，もっとも強い毒性をもつと考えられている．

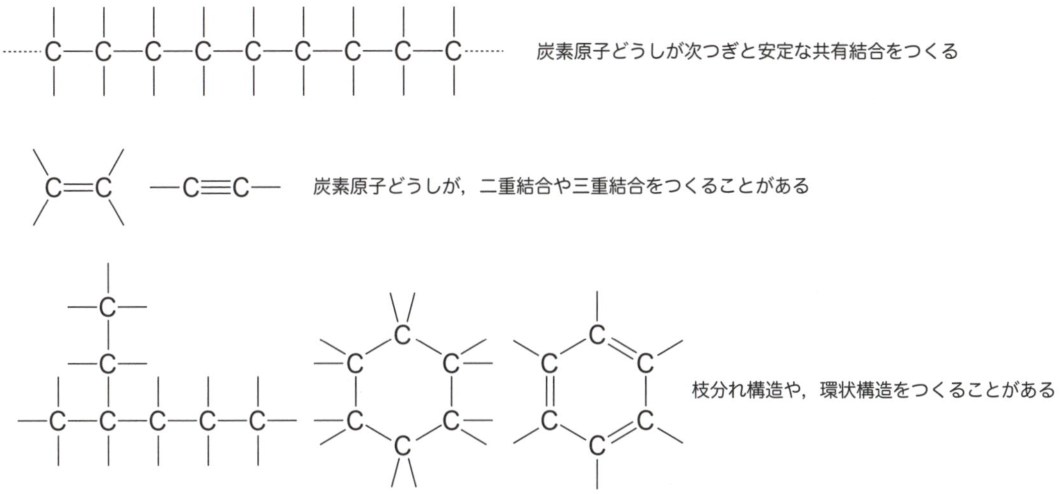

1.3 有機化合物の構造を描いて説明する 5

炭素原子どうしが次つぎと安定な共有結合をつくる

炭素原子どうしが，二重結合や三重結合をつくることがある

枝分れ構造や，環状構造をつくることがある

図 1.4 さまざまな結合パターン

炭素原子どうしは次つぎと安定な共有結合をつくり，その数に制限は見つかっていない．また，炭素原子どうしは二重結合や三重結合をつくることがある．さらに，枝分れ構造や環状構造をつくることもある．

- 炭素原子 C どうしが次つぎと安定に共有結合をつくることができ，その数に限界はみつかっていない．
- 炭素原子 C どうしは，単結合や二重結合，三重結合をつくることができる．
- 炭素原子 C どうしは，一直線につながることもあれば，枝分れすることもあり，環状構造をつくることもある．
- 炭素原子 C は，ほかの非金属元素の原子との間に，安定な共有結合をつくる．

1.3 有機化合物の構造を描いて説明する
点電子構造・線結合構造・短縮構造・骨格構造

有機化学を学ぶためには，有機化合物の構造を描いたり，描かれている構造を読み取ったりする必要がある．ここにはいくつかの習慣があるので，最初にそれを確認しておこう．

1.3.1 点や線であらわす

(a) 単結合をもつ分子を描く

もっとも単純な有機化合物であるメタンを考える．メタン分子の構造を説明するときに，次のような図を描くことがある[*3]．

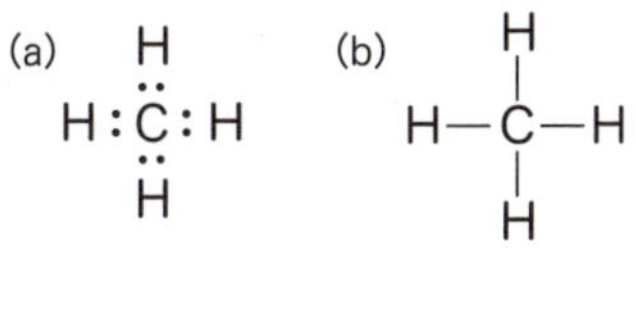

*3 炭素原子は 8 個の電子に取り囲まれている．化合物をつくるとき，炭素，酸素，窒素，塩素などの最外殻電子の数は，8 個になる傾向がある．これをオクテット則とよぶ．

(a) では共有結合に用いられている電子対を点であらわしている．この描き方を，**点電子構造** (electron-dot structure) とよぶことがある[*4]．(b) では共有結合を1本の線であらわしている．この描き方を，**線結合構造** (line-bond structure) とよぶことがある[*5]．炭素原子Cは価電子を4個もつので，4本の共有結合でほかの原子とつながることができる．

[*4] 電子式 (electron-dot formula) や，ルイス構造 (Lewis structure) とよぶこともある．

[*5] ケクレ構造 (Kekulé structure) とよぶこともある．また，高校の化学ではこの記法を構造式 (structural formula) とよんでいた．

● メタン

メタン CH_4 は天然ガスに多く含まれ，都市ガスとして利用されている．

(b) 二重結合をもつ分子を描く

C原子間に二重結合をもつ有機化合物として，エチレンを考える[*6]．エチレン分子の構造は，次のように描くことがある．二重結合は4個の点，あるいは2本の平行線であらわす[*7]．

[*6] エチレンは，エテンとよぶこともある．

[*7] 二重結合や三重結合のしくみについては，2章で学ぶ．

(c) 三重結合をもつ分子を描く

C原子間に三重結合をもつ有機化合物として，アセチレンを考える[*8]．アセチレン分子の構造は，次のように描くことがある[*9]．三重結合は6個の点，あるいは3本の平行線であらわす．

[*8] アセチレンは，エチンとよぶこともある．

[*9] アセチレンを H:C:::C:H と描いてもよい．2個のC原子の間で6個の電子が共有されていることがわかればよい．

Column　メタンハイドレート

深海の海底の下や北極圏の永久凍土のなかなど低温高圧の条件では，水分子がつくるカゴ状構造のなかにメタン CH_4 分子が取り込まれて結晶化したメタンハイドレート $8CH_4 \cdot 46H_2O$ が生じる．メタンハイドレートの外観は氷やドライアイスに似ている．メタンハイドレートに点火するとメタンが燃え，水が残る．メタンハイドレートは，日本近海の海底にも豊富に存在することがわかっており，資源に乏しい日本の将来のエネルギー資源として期待されている．

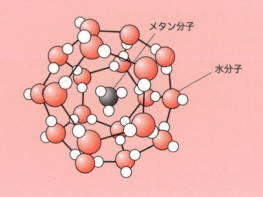

1.3.2 分子式

分子を構成する原子の種類と数を表した化学式を，**分子式**（molecular formula）とよぶ．メタン分子は1個の炭素原子Cと4個の水素原子Hから組み立てられているので，CH_4とあらわす．同様に，エチレンの分子式はC_2H_4，アセチレンの分子式はC_2H_2である．

(a) 分子式だけではダメなのか？

なぜ分子の構造を描く必要があるのだろうか．分子式があるではないか，と考える読者もいるかもしれない．最も大きな理由は，2種類以上の化合物が同じ分子式であらわされる場合があることである．たとえばC_4H_{10}という分子式をもつ化合物には，次の2種類が存在する[*10]．これを区別しなければならない場合があるので，分子式だけでなく，構造を描いて考える必要が生じる．

[*10] この2種類は，互いに構造異性体の関係にあるという．構造異性体については，2章で学ぶ．

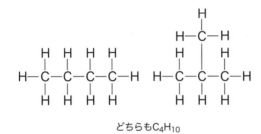

どちらもC_4H_{10}

1.3.3 単結合だけをもつ炭化水素の分子を簡略化して描く

簡単な分子についてはすべての結合を描けばよいが，大きな分子については簡略化して描く方法が用いられている．たとえば，次の分子を考える．ここでは，分子を構成するすべての原子と共有結合が描いてある．

$$\text{H-C-C-C-C-C-C-H} \quad (1.1)$$

この一部を簡略化して描くことにする．まず，C–H結合を省略する．ある炭素原子Cに直結している水素原子が1個ならCH，2個ならCH_2，3個ならCH_3とする．そうすると，次のようになる．

$$H_3C-CH_2-CH_2-CH_2-CH_2-CH_3 \quad (1.2)$$

次にC–Cの単結合を省略すると，次のようになる．この描き方を**短縮構造**（condensed structure）とよぶことがある．

$$CH_3CH_2CH_2CH_2CH_2CH_3 \quad (1.3)$$

(a) 枝分れがある場合

枝分れがある分子では，分子中で最も長い炭素原子のつながりを**主鎖**(main chain)とよび，ここから枝分れした骨格を，**側鎖**(side chain)とよぶ．これを一行に記すときには側鎖を(　)でくくり，主鎖のなかに組み込む．

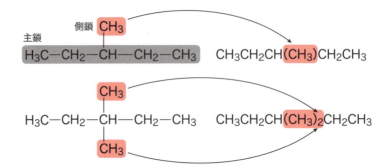

1.3.4 骨格に注目した描き方

炭素原子どうしのつながりに注目した，次のような描き方もある．この描き方を，**骨格構造**(skeletal structure)とよぶことがある．

$$\diagdown\diagup\diagdown\diagup\diagdown \tag{1.4}$$

このように描かれた構造を見たときは，末端および角に炭素原子があると考える．すると，次のように炭素原子 C がつながっていることがわかる．

$$C\diagdown\overset{C}{\diagup}\diagdown\overset{C}{\diagup}\diagdown C$$

炭素原子 C は，それぞれほかの原子と 4 本の共有結合をつくるので，その線を追加すると，次のようになる．

この線の先端には，水素原子 H が共有結合している．

ここで，6 個の炭素原子を一直線上に並べると，次のようになる．

1.3 有機化合物の構造を描いて説明する　9

これは（1.1）と同じである．（1.1）〜（1.4）はどれも同じことを意味しており，どれを用いても構わない[*11].

*11 高校の化学では（1.1）のような記法を構造式とよんでいたが，広義には分子中における原子の接続順序と空間配置をあらわすものを構造式とよぶので，（1.1）から（1.4）のいずれの記法も構造式に含まれる．

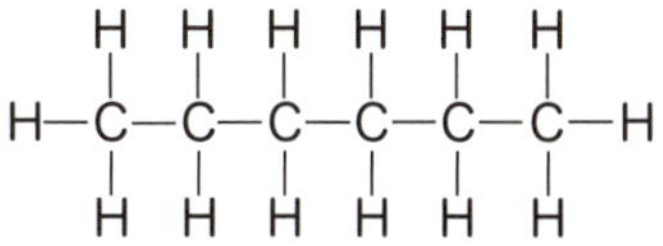

$CH_3CH_2CH_2CH_2CH_2CH_3$　　　$H_3C—CH_2—CH_2—CH_2—CH_2—CH_3$

例題 1.1　次の化合物を骨格構造であらわしたものを，＜選択肢＞のなかから選べ．

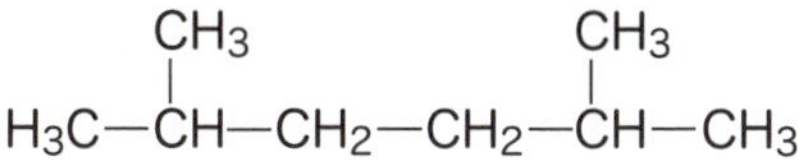

＜選択肢＞
(a)　　　　　　　　　(b)　　　　　　　　　(c)

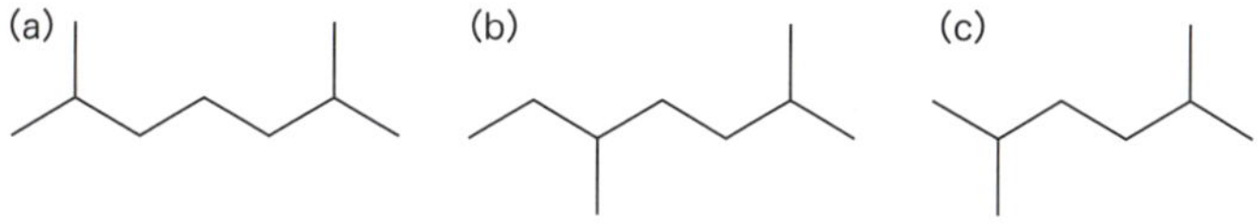

解答 1.1　(c)

解説 1.1　末端と角に炭素原子 C を書き込み，それぞれの炭素原子 C が 4 本の共有結合をつくると考える．また炭素 C と共有結合していない場合には水素原子 H と共有結合していると考える．（c）の場合は次のようになる．

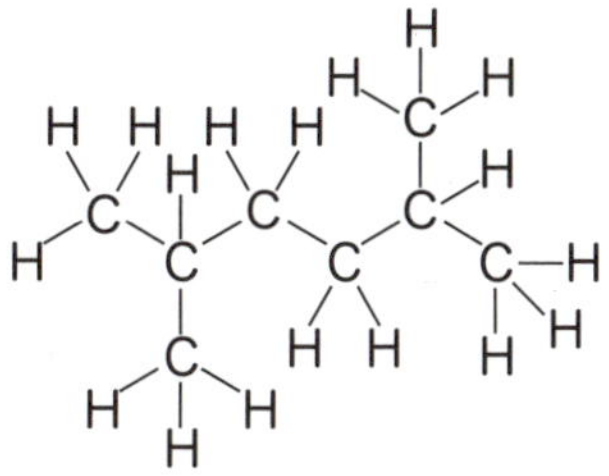

これを整理して描くと，与えられている構造になる．

1.3.5　多重結合や環状構造がある有機化合物を描く

多重結合をもつ有機化合物の場合は，線を 2 本あるいは 3 本使ってあらわす．

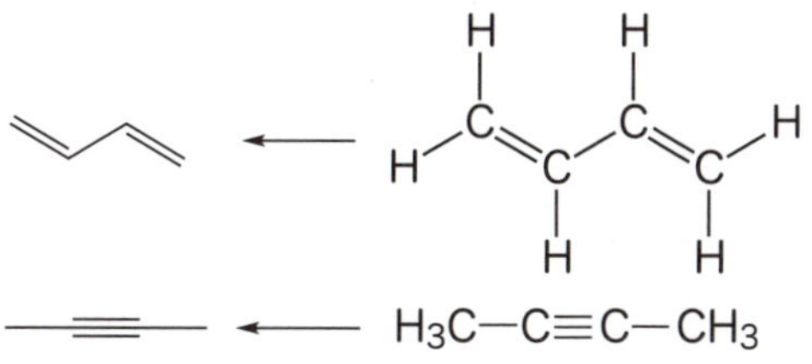

$H_3C—C≡C—CH_3$

環状構造を描くときも鎖状構造のときと同じ考え方をする．

多重結合と環状構造の両方をもつ場合は，両者を組み合わせて描けばよい．

1.3.6　官能基をもつ有機化合物を描く

(a) 官能基

再びメタン CH_4 を考える．メタン分子内に4個ある水素原子 H のうちの1個が −OH に置き換わった化合物が，メタノールである．

メタンは水にほとんど溶けないが，メタノールは水とどのような割合でも混じりあう．−OH はメタン分子に水溶性という性質を与えている．このように，有機化合物の性質を決めるはたらきをする原子や原子団[*12]を，**官能基**（functional group）とよぶ．同じ官能基をもつ有機化合物どう

*12　2個以上の原子が集まったものを原子団とよぶ．

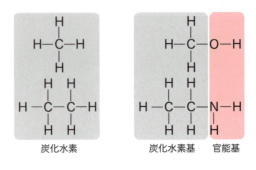

1.3 有機化合物の構造を描いて説明する　11

表1.1　さまざまな官能基

一般名	構　造	化合物の例	名　称
ヒドロキシ基	$-OH$	CH_3-CH_2-OH	エタノール
エーテル結合	$-O-$	$C_2H_5-O-C_2H_5$	ジエチルエーテル
カルボニル基	$-\overset{\overset{\textstyle O}{\|}}{C}-$	$H_3C-\overset{\overset{\textstyle O}{\|}}{C}-CH_3$	アセトン
ホルミル基	$-\overset{\overset{\textstyle O}{\|}}{C}-H$	$H_3C-\overset{\overset{\textstyle O}{\|}}{C}-H$	アセトアルデヒド
カルボキシ基	$-\overset{\overset{\textstyle O}{\|}}{C}-OH$	$H_3C-\overset{\overset{\textstyle O}{\|}}{C}-OH$	酢酸
エステル結合	$-\overset{\overset{\textstyle O}{\|}}{C}-O-$	$H_3C-\overset{\overset{\textstyle O}{\|}}{C}-O-C_2H_5$	酢酸エチル
アミド結合	$-\overset{\overset{\textstyle O}{\|}}{C}-N-$	$H_3C-\overset{\overset{\textstyle O}{\|}}{C}-\overset{\overset{\textstyle H}{\|}}{N}-\bigcirc$	アセトアニリド
アミノ基	$-NH_2$	$\bigcirc-NH_2$	アニリン
ニトロ基	$-NO_2$	$\bigcirc-NO_2$	ニトロベンゼン
スルホ基	$-SO_3H$	$\bigcirc-SO_3H$	ベンゼンスルホン酸
ニトリル基	$-C\equiv N$	$H_2C=CH-C\equiv N$	アクリロニトリル
チオール基	$-SH$	$H_2N-\overset{\overset{\textstyle COOH}{\|}}{CH}-CH_2-SH$	システイン

しは，似た性質をもつことが多い．本書で学ぶ官能基のうち，おもなもの
を表 1.1 に示す．ここにあげた官能基を一度に暗記する必要はなく，こ
れから先に登場したときに覚えていけばよい．

(b) 炭化水素基

　炭素 C と水素 H だけから組み立てられている化合物を，**炭化水素**
（hydrocarbon）とよぶ．炭化水素から一部の水素を取り除いた原子団を，
炭化水素基（hydrocarbon group）とよぶ．有機化合物の構造を考えるとき
は，炭化水素基と官能基の組合せとして考えることが多い．そのため，構
造を描くときも，この組合せになっていることが伝わるような描き方をす
ることが多い．

> **例題 1.2** 次の化合物 (a) と (b) のうち，片方は水にほとんど溶けないが，もう片方は水と自由な割合で混じりあう．水と自由に混じりあう化合物はどちらか．なお，化合物 (c) は水にほとんど溶けないが，化合物 (d) は水と自由な割合で混じりあう．また，化合物 (e) は水にほとんど溶けないが，化合物 (f) は水と自由な割合で混じりあう．
>
> (a) CH₃-CH₃　(b) CH₃-CH₂-OH
> (c) CH₄ 溶けない　(d) CH₃-OH 溶ける　(e) CH₃-CH₂-CH₃ 溶けない　(f) CH₃-CH₂-CH₂-OH 溶ける
>
> **解答 1.2** (b)
>
> **解説 1.2** 同じ官能基をもつ化合物どうしは，性質が似ている．(d) も (f) も −OH をもつことによって，水に溶ける性質を示している．(b) には −OH があるので，水と自由に混じり合うのは (b) と考えられる．

*13　今はトレオニンの構造を暗記しなくてもよい．

(c) 官能基を強調して構造式を描く

例として次の分子を考える．これはトレオニンという分子である[*13]．

(トレオニンの構造式)

この分子を炭化水素基と官能基の組合せとして描くと，次のようになる．

$$CH_3-CH(OH)-CH(NH_2)-COOH \quad (1.5)$$

$$CH_3CH(OH)CH(NH_2)COOH \quad (1.6)$$

このように，分子式のなかから官能基を抜きだしてあらわす描き方も用いられている．(1.5) のような描き方を簡略化した構造式，(1.6) のような描き方を **示性式**（rational formula）とよぶことがある[*14]．骨格構造を用いる場合には，次のように描くことができる．

*14　簡略化した構造式も示性式に含める．

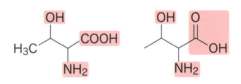

(d) 分子はどちら向きに描くのか？

分子の構造を描くときは，指定がない限り好きな方向に描いて構わない．たとえばトレオニンの分子は，次のどちらの向きに描いても構わない．

$$
\text{H}_3\text{C}-\overset{\overset{\displaystyle \text{OH}}{|}}{\text{CH}}-\overset{\overset{\displaystyle \text{NH}_2}{|}}{\text{CH}}-\overset{\overset{\displaystyle \text{O}}{\|}}{\text{C}}-\text{OH}
\qquad
\text{HO}-\overset{\overset{\displaystyle \text{O}}{\|}}{\text{C}}-\overset{\overset{\displaystyle \text{NH}_2}{|}}{\text{CH}}-\overset{\overset{\displaystyle \text{OH}}{|}}{\text{CH}}-\text{CH}_3
$$

また，原子や原子団の相対的な位置関係が同じなら，どのような配置にしてもかまわない．たとえばトレオニンの分子は，次のように描いても構わない．

$$
\text{H}_3\text{C}-\overset{\text{NH}_2}{\underset{\text{OH}}{\text{CH}}}-\text{CH}-\overset{\text{O}}{\text{C}}-\text{OH}
\qquad
\text{HO}-\overset{\text{CH}_3}{\text{CH}}-\overset{\text{NH}_2}{\text{CH}}-\overset{\text{O}}{\text{C}}-\text{OH}
\qquad
\overset{\text{O}}{\text{C}}-\text{OH}
$$

$$
\text{HO}-\overset{\text{NH}_2}{\underset{\text{CH}_3}{\text{CH}}}-\text{CH}-\overset{\text{O}}{\text{C}}-\text{OH}
\qquad
\text{HO}-\overset{\text{CH}_3}{\underset{\text{NH}_2}{\text{CH}}}-\text{CH}-\overset{\text{O}}{\text{C}}-\text{OH}
\qquad
\text{H}_2\text{N}-\text{CH}-\overset{\text{OH}}{\text{CH}}-\text{CH}_3
$$

(e) 水素 H はどちらにつけるのか？

−OH や −NH$_2$，−NO$_2$ を逆から描くときに，HO−，H$_2$N−，O$_2$N− とすることがある．こうすることで，酸素 O や窒素 N が結合している原子がどれなのかを，わかりやすく示すことができる．

−CH$_3$ は H$_3$C− とすることもある．ただし，これは炭素 C が 1 個の場合だけであり，たとえば −CH$_2$CH$_3$ を H$_3$CH$_2$C− のように描くのはやめておいたほうがよい．こうすると，水素 H がどの原子に直結しているのかがわかりにくくなる．この場合には CH$_3$CH$_2$− としておいたほうがよい．

表1.2 カルボニル基を含む構造の示性式

$\overset{\text{O}}{\overset{\|}{\text{R}^1-\text{C}-\text{R}^2}}$	$\overset{\text{O}}{\overset{\|}{\text{R}-\text{C}-\text{H}}}$	$\overset{\text{O}}{\overset{\|}{\text{H}-\text{C}-\text{R}}}$	$\overset{\text{O}}{\overset{\|}{\text{R}-\text{C}-\text{OH}}}$	$\overset{\text{O}}{\overset{\|}{\text{HO}-\text{C}-\text{R}}}$
R^{1}COR^2	RCHO[*1]	HCOR	RCOOH	HOOCR[*2]
			RCO$_2$H	HOCOR
$\overset{\text{O}}{\overset{\|}{\text{R}^1-\text{C}-\text{O}-\text{R}^2}}$	$\overset{\text{O}}{\overset{\|}{\text{R}^2-\text{O}-\text{C}-\text{R}^1}}$		$\overset{\text{O}\quad\text{H}}{\overset{\|\quad|}{\text{R}^1-\text{C}-\text{N}-\text{R}^2}}$	$\overset{\text{H}\quad\text{O}}{\overset{|\quad\|}{\text{R}^2-\text{N}-\text{C}-\text{R}^1}}$
R^{1}COOR^2	R^{2}OCOR^1		R^{1}CONHR^2	R^{2}NHCOR^1
R^{1}CO$_2$R^2				

*1 RCOH とすると，−OH があることになる．
*2 HOCO− とすることが望ましいが，この表記も広く使われている．

(f) 二重結合を含む官能基を書くときに迷うかもしれない

C=O を含む構造を示性式に入れるときは，どうすればよいか迷うかもしれない．表 1.2 のように描けば，正しく伝わる．

ほかにも向きをどうするか迷う官能基があるが，それらについてはこの先に登場したときに説明する．構造は相手に誤解されない形でわかりやすく描くことが重要である．有機化合物の描き方の厳密な国際ルールのようなものは存在しない．

✔ 1章のまとめ

- 炭素の化合物が有機化合物であり，有機化合物についての化学が，有機化学である．
- 1億数千万種類の有機化合物が存在する．構成する元素の種類と反応のパターンは限られており，構造パターンの多くが共通したものである．
- 有機化合物の構造を描くときには，必要に応じて点電子構造，線結合構造，短縮構造，骨格構造，示性式などを用いる．
- 炭素と水素から構成されている化合物を，炭化水素とよぶ．
- 炭化水素から水素原子が外れた構造の原子団を，炭化水素基とよぶ．
- 有機化合物の性質を決めるはたらきをする原子や原子団を，官能基とよぶ．
- 有機化合物の構造は，炭化水素基と官能基の組合せとして理解できる．

⬡ 章 末 問 題 ⬡

1. 次の化合物と同じものを，＜選択肢＞のなかからすべて選べ．

$$H_2N-\overset{\displaystyle COOH}{\underset{\displaystyle CH_3}{CH}}-CH-CH_3$$

＜選択肢＞

(a) $H_3C-\overset{\displaystyle CH_3}{CH}-\overset{\displaystyle COOH}{CH}-NH_2$

(b) $H_3C-CH-\overset{\displaystyle COOH}{\underset{\displaystyle CH_3}{CH}}-NH_2$

(c) $H_2N-\overset{\displaystyle \overset{CH_3}{CH}-CH_3}{CH}-COOH$

(d) $H_3C-\overset{\displaystyle \overset{CH_3}{CH}-NH_2}{CH}-\underset{\displaystyle COOH}{CH}-CH_3$

(e) $H_3C-\overset{\displaystyle NH_2}{\underset{\displaystyle CH_3}{CH}}-CH-COOH$

(f) $H_3C-\overset{}{\underset{\displaystyle CH_3}{CH}}-CH_2-\overset{\displaystyle COOH}{CH}-NH_2$

2. 次の化合物と同じものを，＜選択肢＞のなかからすべて選べ．

```
        CH3        CH3
         |          |
H3C ─ C ─ CH2 ─ CH ─ CH3
         |
        CH3
```

＜選択肢＞

(a)
```
H3C          CH3
   \          |
    CH─CH2─C─CH3
   /          |
H3C          CH3
```

(b)
```
    CH3   CH3
     |     |
CH3CHCH2CCH3
           |
          CH3
```

(c)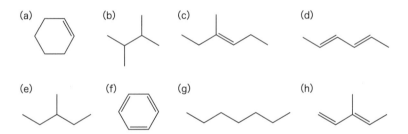

(d) (CH₃)₃CH₂CH(CH₃)₂

(e)

(f) (CH₃)₃CCH₂CH(CH₃)₂

(g)
```
  CH3       CH3
   |         |
CH3CHCH2CHCH2CH3
```

3. 次の化合物のうち，もっとも分子量が大きなものはどれか．また，もっとも分子量が小さいものはどれか．水素の原子量は 1，炭素の原子量は 12 として計算せよ．

(a) (b) (c) (d)

(e) (f) (g) (h)

4. 次の化合物 (a) と (b) のうち，片方は水にほとんど溶けないが，もう片方は水に溶ける．水に溶ける化合物はどちらか．なお，化合物 (c) は水と自由な割合で混じりあうが，化合物 (d) は水にほとんど溶けない．また，化合物 (e) は水によく溶けるが，化合物 (f) は水にほとんど溶けない．

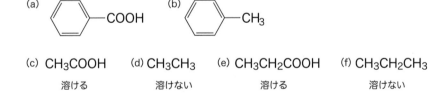

(c) CH₃COOH　(d) CH₃CH₃　(e) CH₃CH₂COOH　(f) CH₃CH₂CH₃
　　溶ける　　　　溶けない　　　　溶ける　　　　　溶けない

chap 02 炭素原子のつながりかたから見た有機化合物の世界

炭化水素の分類

本章のねらい

1. アルカンやアルケン，アルキン，シクロアルカン，シクロアルケンの例をあげることができる．
2. 炭化水素の燃焼反応と置換反応を，例をあげて説明できる．
3. 構造異性体とはどのようなものなのか，例をあげて説明できる．
4. シス-トランス異性体とはどのようなものなのか，例をあげて説明できる．

2.1　炭素と水素の2種類だけからさまざまな構造パターンがつくられる

2.1.1　まず炭素Cを考えて，次に水素Hを考える

1章で，炭素Cと水素Hから組み立てられている化合物を炭化水素とよぶことを学んだ．炭素原子Cは4本の共有結合でほかの原子とつながるので，炭化水素を考えるときには，まず炭素原子どうしが共有結合の手でつながり，次に残った共有結合の手で水素原子Hと共有結合する，と考えるとわかりやすい．

18   2章　炭素原子のつながりかたから見た有機化合物の世界

2.2　単結合だけで組み立てられている炭化水素

アルカン

　炭素原子Cどうしは単結合，二重結合，三重結合をつくることができる．また，枝分れ構造や，環状構造をつくることもできる．こうした構造パターンをここで整理しておくことにする．

2.2.1　リングがあるかないかで分けておく

　分子内のすべての結合が単結合になっている炭化水素を考える．さまざまな構造が考えられるが，これを大きく2つのグループに分けることにする．ひとつは炭素原子Cが鎖状につながっているもので，これを**アルカン**（alkane）とよぶ．もうひとつは炭素原子がリングをつくった構造をひとつ含むもので，これを**シクロアルカン**（cycloalkane）とよぶ[*1]．どちらも枝分れしている場合がある[*2]．

*1　環状構造を2つ以上もつものもあるが，本書では考えないことにする．

*2　環状構造をもつ炭化水素を環式炭化水素，もたない炭化水素を鎖式炭化水素と分類することがある．

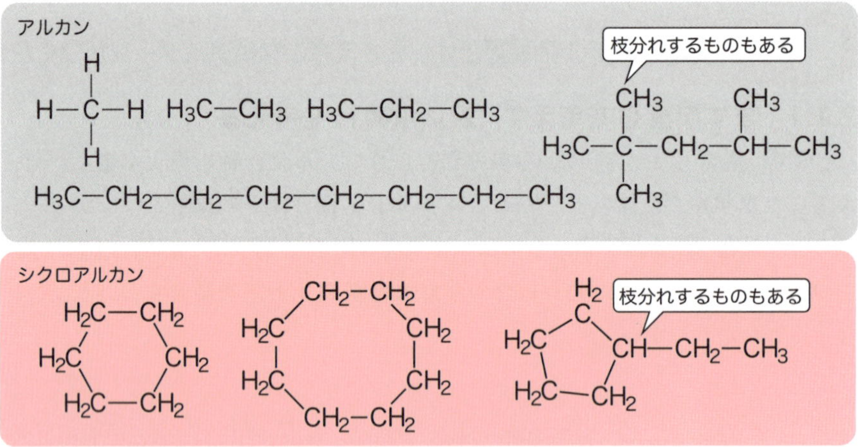

図2.1　アルカンとシクロアルカン
アルカンとシクロアルカン．単結合だけで組み立てられている炭化水素のうち，直鎖状の構造をもつものをアルカン，環状の構造をひとつもつものをシクロアルカンとよぶ．どちらも枝分れした構造をもつものもある．

2.2.2　アルカンの性質

　アルカンの融点や沸点は，炭素原子の数が増えるにつれて高くなる．また，枝分れをもつアルカンは，同じ炭素原子の数をもつ直鎖状のアルカンと比べると，融点や沸点が低い．アルカンはほとんど水に溶けない．水の密度よりも液体のアルカンの密度のほうが低いので，液体のアルカンを水

炭素原子の数	1	2	3	4	5	6	7	8	9	10	11	12	13	14	15	16	17	18以上
状態	気体				液体													固体

図2.2　アルカンの状態
常温・常圧で，炭素数が1から4のアルカンは気体，炭素数5から17のアルカンは液体，炭素数18以上のアルカンは固体である．

2.2 単結合だけで組み立てられている炭化水素　19

と混合すると，アルカンは水の上に浮く．

● メタン・エタン・プロパン・ブタン

　さまざまなアルカンが燃料として利用されている．都市ガスの主成分は
メタン CH_4 であり，これに少量のエタンやプロパン，ブタンなどが混じっ
ている．プロパンはプロパンガスとしても供給されている．ブタンはカセッ
ト式コンロの燃料に使われている．

$$CH_4 \quad CH_3-CH_3 \quad CH_3-CH_2-CH_3 \quad CH_3-CH_2-CH_2-CH_3$$
　　メタン　　　エタン　　　　　プロパン　　　　　　　ブタン

2.2.3　アルカンの反応

(a) 燃焼反応

　アルカンやシクロアルカンは酸素 O_2 と反応して，二酸化炭素 CO_2 と水
H_2O を生じる．この反応はすべて発熱反応である．

　（例）　CH_4（気）$+ 2\,O_2$（気）$\longrightarrow CO_2$（気）$+ 2\,H_2O$（液）　$\Delta H = -891\ \text{kJ}$

(b) 置換反応

　たとえばメタン CH_4 と塩素 Cl_2 を混合しておき，ここに光を照射すると，
メタン分子中の水素原子 H が塩素原子 Cl に置き換わった化合物と，塩化
水素 HCl が生じる．

$$\text{（2.1）}$$

$$CH_4 \ + \ Cl_2 \ \longrightarrow \ CH_3Cl \ + \ HCl \qquad\qquad \text{（2.2）}$$

　このように，分子中の原子や原子団がほかの原子や原子団と置き換わる
反応を，**置換反応**（substitution reaction）とよぶ．置換反応によって導入
された原子や原子団を，**置換基**（substituent）とよぶ．

● 有機化学反応をあらわすときの習慣

　反応をあらわす式(2.1)では，反応の方向を示す矢印　$\longrightarrow$　の上に「光」と
書いてある．有機化合物の反応を説明するときには，反応条件や触媒など
を　$\longrightarrow$　の上下に書く方法が広くもちいられている．また，特定の分子に
注目している場合には，次のように書くこともある．

　この書き方では，生成する HCl を無視している．これは，HCl にはまっ

20 2章 炭素原子のつながりかたから見た有機化合物の世界

たく注目していないからである．このように，注目していない物質は省略することがある．また，$\longrightarrow$ の上と下を使い分けるルールは存在せず，反応に関係する物質や条件などを記せばよい．

(c) 置換反応が次つぎと続く

反応（2.1）は実際にはここで止まらず，次のように次つぎと置換反応が続いていく．塩素 Cl_2 が十分にあれば，メタン CH_4 はすべて CCl_4 になる．

$$\underset{CH_4}{H-\overset{\displaystyle H}{\underset{\displaystyle H}{C}}-H} \xrightarrow[+\,Cl_2]{\text{光}} \underset{CH_3Cl}{H-\overset{\displaystyle H}{\underset{\displaystyle H}{C}}-Cl} \xrightarrow[+\,Cl_2]{\text{光}} \underset{CH_2Cl_2}{H-\overset{\displaystyle H}{\underset{\displaystyle Cl}{C}}-Cl} \xrightarrow[+\,Cl_2]{\text{光}} \underset{\substack{CHCl_3\\ \text{クロロホルム}}}{Cl-\overset{\displaystyle H}{\underset{\displaystyle Cl}{C}}-Cl} \xrightarrow[+\,Cl_2]{\text{光}} \underset{CCl_4}{Cl-\overset{\displaystyle Cl}{\underset{\displaystyle Cl}{C}}-Cl}$$

このように反応が次つぎと進んでいくので，たとえば CH_2Cl_2 だけを得ることはできず，必ず混合物が生じる．これを分離するためには，物質それぞれの沸点の違いを利用する．

● クロロホルム

上記の反応でメタン CH_4 中の3個の水素原子 H が塩素原子 Cl に置き換わった $CHCl_3$ はクロロホルム，あるいはトリクロロメタンとよばれる物質である．麻酔作用があるので，20世紀初めまで外科手術をするときに麻酔薬として用いられていたことがある[*3]．

*3 コラム参照．

例題 2.1 プロパン分子中の水素原子を2個 塩素原子 Cl に置換した分子の構造をすべて記せ．

$$\underset{\text{プロパン}}{H-\overset{\displaystyle H}{\underset{\displaystyle H}{C}}-\overset{\displaystyle H}{\underset{\displaystyle H}{C}}-\overset{\displaystyle H}{\underset{\displaystyle H}{C}}-H}$$

解答 2.1

$$Cl-\overset{\displaystyle Cl}{\underset{\displaystyle H}{C}}-\overset{\displaystyle H}{\underset{\displaystyle H}{C}}-\overset{\displaystyle H}{\underset{\displaystyle H}{C}}-H \qquad Cl-\overset{\displaystyle H}{\underset{\displaystyle H}{C}}-\overset{\displaystyle Cl}{\underset{\displaystyle H}{C}}-\overset{\displaystyle H}{\underset{\displaystyle H}{C}}-H$$

$$H-\overset{\displaystyle H}{\underset{\displaystyle H}{C}}-\overset{\displaystyle Cl}{\underset{\displaystyle Cl}{C}}-\overset{\displaystyle H}{\underset{\displaystyle H}{C}}-H \qquad Cl-\overset{\displaystyle H}{\underset{\displaystyle H}{C}}-\overset{\displaystyle H}{\underset{\displaystyle H}{C}}-\overset{\displaystyle H}{\underset{\displaystyle H}{C}}-Cl$$

2.2.4 同じ原子を同じ数だけ使っても同じ分子にならない ——構造異性体

前章までに，分子式だけでなく構造式を使わないと説明できないものご

Column クロロホルムでは眠れない

推理小説やサスペンスドラマのなかで，クロロホルムを染み込ませたハンカチを口にあてて眠らせるシーンが描かれていることがある．そのため，クロロホルムに対して麻酔剤としてのイメージを抱く人は珍しくない．

実際，19世紀にはクロロホルムが手術時の麻酔剤として使われていたこともあった．しかし，肝臓への障害が強いことと，不整脈の原因になりやすいことから，別の麻酔剤が使われるようになった．現在ではクロロホル

ムが麻酔剤として使われることはない．

さて，人間が意識を失うために必要なクロロホルムの量は，ハンカチにタップリ染み込ませた程度ではまったく足りない．クロロホルムで失神させることができるのは，フィクションのなかだけである．あなたが極秘任務によって地下組織の秘密基地に侵入し，持参したクロロホルムで重要人物を失神させて任務を遂行する，という計画を立てているのであれば，再考が必要である．

とがあることを学んだ．構造式から分子式はわかるが，分子式から構造式がわかるとは限らないのである．本章では，ここの確認から始めよう．

分子式が CH_4 であらわされる化合物は，メタンだけである．分子式が C_2H_6 であらわされる化合物は，エタンだけである．分子式が C_3H_8 であらわされる化合物は，プロパンだけである．いずれも分子式が定まれば物質が定まり，その構造も定まる．

ところが炭素原子 C の数が4個になると，状況が変わってくる．分子式が C_4H_{10} であらわされる化合物には，次の2つが存在する．どちらも C_4H_{10} だが，異なる物質である．

このように，同じ数と種類の原子から組み立てられているものの，原子のつながり方が異なっているものどうしを，互いに**構造異性体**（constitutional isomer）の関係にあるという．

通常，構造異性体どうしでは，融点や沸点，密度，比熱，燃焼熱などが異なる．ただし，化学反応にかかわる量的関係は，同じである．たとえば

上記 C_4H_{10} の 1 mol が完全燃焼することによって生じる二酸化炭素 CO_2 の物質量は，いずれの C_4H_{10} の場合でも 4 mol である．

$$2\,C_4H_{10} + 13\,O_2 \longrightarrow 8\,CO_2 + 10\,H_2O$$

$$\underline{1\,\text{mol}} \quad \underline{\tfrac{13}{2}\,\text{mol}} \quad \underline{4\,\text{mol}} \quad 5\,\text{mol}$$

炭化水素の構造異性体の数は，炭素原子 C の数が増えるにつれて爆発的に増える．C_6H_{14} では 5 個，$C_{10}H_{22}$ では 75 個，$C_{20}H_{42}$ では 36 万個以上，$C_{30}H_{62}$ では 41 億個以上になる．これもまた，有機化合物の種類が多い理由の一つである．

例題 2.2 アルカン C_5H_{12} の構造異性体の構造をすべて記せ．

解答 2.2

$H_3C-CH_2-CH_2-CH_2-CH_3$

$H_3C-\underset{\underset{CH_3}{|}}{CH}-CH_2-CH_3$

$H_3C-\underset{\underset{CH_3}{|}}{\overset{\overset{CH_3}{|}}{C}}-CH_3$

2.3 二重結合をもつ炭化水素　　　　アルケンとシクロアルケン

分子内に C=C 二重結合をひとつ含む炭化水素を考える．さまざまな構造が考えられるが，これを大きく 2 つのグループに分けることにする．ひとつは炭素原子 C が鎖状につながっているもので，これを**アルケン**（alkene）とよぶ．もうひとつは炭素原子が環状構造をつくった構造をひとつ含み，その環のなかに C=C 二重結合を含むもので，これを**シクロアル**

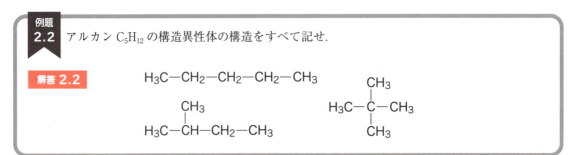

図 2.3　アルケンとシクロアルケン
二重結合を 1 個もつほかは単結合で組み立てられている炭化水素のうち，直鎖状の構造をもつものをアルケン，二重結合を環状構造のなかにもつものをシクロアルケンとよぶ．どちらも枝分れした構造をもつものもある．

ケン(cycloalkene)とよぶ*4. どちらも枝分かれしている場合がある.

*4 環状構造を2つ以上もつものもあるが,本書では考えないことにする.

2.3.1 アルケン分子の構造

炭素原子を2個もつアルカンとアルケン,すなわちエタンとエチレンを比べてみる.エタンの場合は,C–C結合が単結合なので,自由に回転することができる.一方,エチレンの場合には,C=C結合は二重結合となっており,回転することができない.そのため,エチレン分子を構成する6

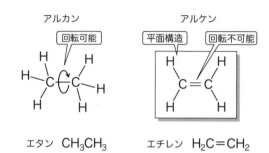

図 2.4 アルカンとアルケン
エタンの炭素–炭素間の結合は単結合なので回転することができるが,エチレンの炭素–炭素間の結合は二重結合なので回転することができない.

個の原子(炭素原子2個と水素原子4個)は,平面の上に固定された配置になっている.

● エチレン

エチレン $H_2C=CH_2$ は,かすかに甘い匂いがある.常温常圧で無色の,水に溶けにくい気体である.石油化学工業でさまざまな化学製品を製造するときの出発材料である.

2.3.2 二重結合があるから生じる異性体の関係

$H_3C–CH=CH–CH_3$ であらわされるアルケンを考える.この化合物には,次の2通りの構造が考えられる.

Column エチレンは植物ホルモン

エチレンはさまざまな果実から発生しており,植物の成長に影響を与える化合物である.リンゴの果実からは,エチレンが発生している.ジャガイモの発芽はエチレンで抑えられる.そこで,ジャガイモとリンゴを一緒に保管しておくと,ジャガイモの発芽を抑えることができる.

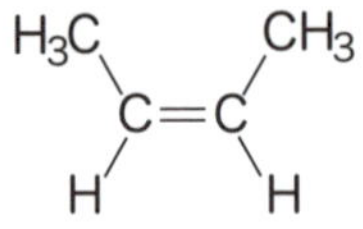

（シス形の構造図）　　（トランス形の構造図）

シス形 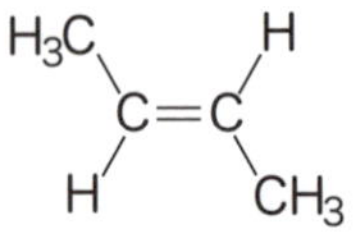　　　　　　　トランス形

C=C結合が回転できないので，この2つの化合物は異なる化合物である．C=C結合からみて，炭素数がもっとも多い原子団が同じ側にあるものを**シス形**（*cis* form），反対側にあるものを**トランス形**（*trans* form）とよぶ．両者の関係を，互いに**シス-トランス異性体**（*cis-trans* isomer）の関係とよぶ[*5]．

*5 高校の化学では幾何異性体とよぶこともある．

> **例題 2.3** 次の化合物（a）および（b）のシス形異性体およびトランス形異性体の構造を，例にならって記せ．
>
> (a) $CH_3-CH_2-CH=CH-CH_2-CH_3$　　(b) $CH_3-CH_2-CH=CH-CH_3$
>
> （例）シス形・トランス形の構造図
>
> **解答 2.3**
> (a) シス形・トランス形の構造図
> (b) シス形・トランス形の構造図

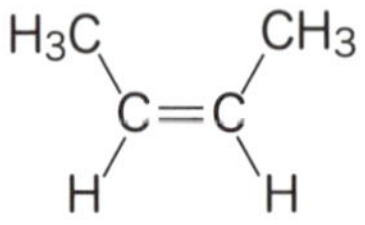

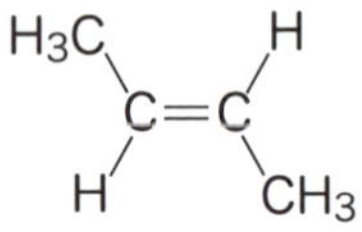

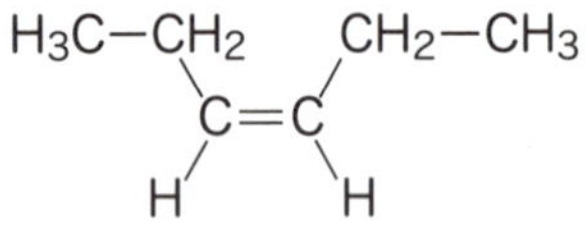

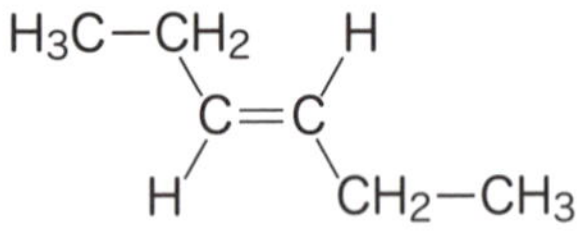

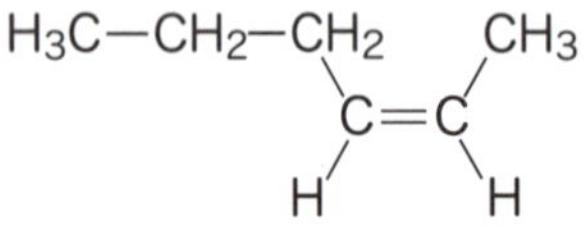

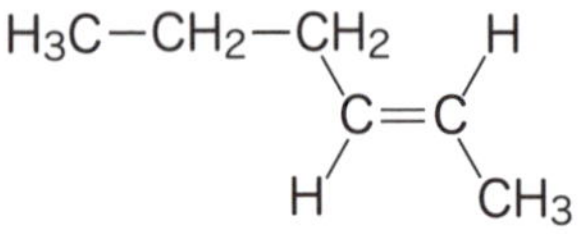

2.4 三重結合をもつ炭化水素　　アルキン

炭化水素のうち，炭素原子が鎖状につながっており，分子内にC≡C結合をひとつもつものを，**アルキン**（alkyne）とよぶ[*6]．

*6 二重結合や三重結合をもつ炭化水素を不飽和炭化水素，もたない炭化水素を飽和炭化水素と分類することがある．

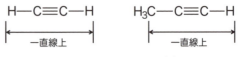

図 2.5　アルキンの例

アルキンでは，三重結合C≡Cと，ここに直結する2個の原子は一直線

2.6 分子の形はどのように決まるのか？　　25

上に並ぶ．したがって，アセチレン H−C≡C−H は直線状の分子である．

● アセチレン

　アセチレン HC≡CH は常温常圧で無色無臭の気体である．アセチレンの燃焼熱は大きいので完全燃焼によって生じる炎が，鉄製材料の溶接や切断などに使われている．

2.5　ベンゼン環を含む炭化水素

芳香族炭化水素

　芳香族炭化水素(aromatic hydrocarbon)とよばれる炭化水素のグループがある．「芳香族」の定義は複雑なので，ベンゼンやその仲間の炭化水素を芳香族炭化水素とよぶ，ということだけ理解して先に進むことにする．ベンゼンやベンゼンに関連した化合物については，6 章で学ぶ[*7]．

*7　芳香族炭化水素以外の炭化水素を脂肪族炭化水素とよぶことがある．

ベンゼン

例題 2.4　次の化合物 (a) ～ (f) を，アルカン，シクロアルカン，アルケン，シクロアルケン，アルキン，芳香族炭化水素に分類せよ．

(a)　(b)　(c)

(d)　(e)　(f)

解答 2.4　(a) アルカン，(b) シクロアルカン，(c) 芳香族炭化水素，(d) シクロアルケン，(e) アルキン，(f) アルケン．

2.6　分子の形はどのように決まるのか？[*8]

2.6.1　電子殻で考える電子の配置

*8　この項 2.6 は理解できなくても，本書を読み進めることができる．

　原子核を中心にして，内側から K 殻，L 殻，M 殻，…というように電子殻があり，ここには最大で 2 個，8 個，18 個，…，$2n^2$ 個の電子が収まる，ということを高校の化学で学ぶ．電子は K 殻から順に満たしていくので，原子番号 6 の炭素 C では，K 殻に 2 個，L 殻に 4 個の電子が収まっている．この 4 個が炭素 C の価電子となる．

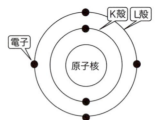

図 2.6 炭素原子の電子配置
K 殻に 2 個, L 殻に 4 個の価電子が収まっている.

2.6.2 軌道で考える電子の配置

　K 殻, L 殻, M 殻といった電子殻は, それぞれ小部屋に分かれている. これを**軌道**（orbital）とよぶ（図 2.7）. それぞれの軌道には, 電子が 2 個まで収まる. K 殻は 1s 軌道のみから, L 殻は 2s 軌道と 2p 軌道から構成されている. そして 2p 軌道は, $2p_x$ 軌道, $2p_y$ 軌道, $2p_z$ 軌道から構成されている. ここで $2p_x$, $2p_y$, $2p_z$ の 3 つの軌道は, 互いに区別することのできない 3 つの軌道である. すなわち, これら 3 つの軌道は**等価**（equivalent）な軌道である. ただし, これら 3 つと 2s 軌道とは, 等価で<u>はない</u>.

(a) 電子殻で考えた場合

電子殻	K	L	M	N	
電子数	2	8	18	32	$2n^2$

(b) 軌道で考えた場合

電子殻	K	L		M			N				
軌道	1s	2s	2p	3s	3p	3d	4s	4p	4d	4f	….
電子数	2	2	6	2	6	10	2	6	10	14	….

$2p_x$	$2p_y$	$2p_z$
2	2	2

等価

図 2.7 電子殻と軌道
（a）電子の配置を電子殻で考えた場合. K, L, M, N… 殻に $2n^2$ 個までの電子が収まる.（b）軌道で考えた場合. 電子殻は軌道から構成されている. L 殻の場合, 2s と 2p から構成されている. 2p はさらに $2p_x$, $2p_y$, $2p_z$ から構成されている. 軌道には 2 個までの電子が収まる.

　軌道に電子が収まる順番には, 規則性がある. たとえば L 殻の場合には, 1 個目と 2 個目の電子は 2s 軌道に入り, 3 個目から 5 個目は 3 つの 2p 軌道に 1 個ずつ入り, 6 個目から 8 個目が 2p 軌道を埋めていく（図 2.8）.

2.6.3 軌道の形

　軌道といってもレールが敷かれた通り道のようなものではなく,「非常に高い確率で電子が存在している空間」と考える. 軌道の形は, 2s 軌道では球形であり, その中心部に原子核が存在する. これに対し, 2p 軌道では,

2.6 分子の形はどのように決まるのか？

	K殻	L殻			
	1s	2s	$2p_x$	$2p_y$	$2p_z$
$_1$H	·				
$_2$He	··				
$_3$Li	··	·			
$_4$Be	··	··			
$_5$B	··	··	·		
$_6$C	··	··	·	·	
$_7$N	··	··	·	·	·
$_8$O	··	··	··	·	·
$_9$F	··	··	··	··	·
$_{10}$Ne	··	··	··	··	··

図2.8 軌道に電子が入る順番
まずs軌道に2個の電子が収まり，続いて3つのp軌道にひとつずつ電子が収まる．そのあとはp軌道に2個目の電子が収まっていく．

平面で区切られた2つの空間の組合せになっている．図2.9のように図示することが多い．

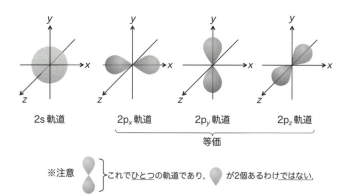

図2.9 2s軌道と2p軌道
2s軌道は原子核から一定距離の空間をあらわす．ここに電子が2個まで収まる．3つのp軌道は平面で2分割された空間をあらわす．たとえば$2p_x$軌道はyz平面で2分割された2つの空間である．$2p_x$, $2p_y$, $2p_z$は90°直交している．これら3つの軌道は等価なものだが，これらと2s軌道とは等価ではない．

2.6.4 混成軌道の生成

炭素原子のもつ4個の価電子について考える．2個の電子が2s軌道に入り，続いて$2p_x$に1個，$2p_y$に1個入る．$2p_z$は空いた状態になる*9（図2.10 a）．しかし，この状態では，ほかの原子との共有結合を2組しかつくる

*9 この説明はp_x, p_y, p_zを入れ替えても同じことが成り立つ．p_x, p_y, p_zは等価な3つの軌道だからである．今回はp_zを空欄にして説明しているが，p_zに電子を入れる代わりにp_xやp_yを空欄にしても構わない．

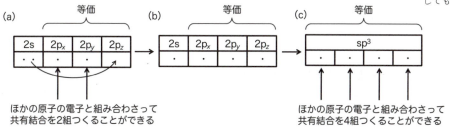

図2.10 sp^3混成軌道の生成
(a) 2sに2個の電子が入り，$2p_x$と$2p_y$に1個ずつ電子が入っている．この状態では4本の共有結合をつくることはできない．(b) 2sの電子を$2p_z$に移すとともに，(c) 4つの軌道を再編成して4つの等価なsp^3軌道にする．これによって等価な4本の共有結合をつくることができる．

ことができない．メタン CH_4 のように，4 組の共有結合をつくるときは，2s 軌道に 2 個入っている電子のうち，1 個が $2p_z$ 軌道に移るとともに（図 2.10 b），2s, $2p_x$, $2p_y$, $2p_z$ の 4 つの軌道が，4 つの等価な **sp^3 混成軌道**（sp^3 hybrid orbital）に再編成され，ここに電子が 1 個ずつ入る（図 2.10 c）．

2.6.5 メタン分子 CH_4 の形

4 つの等価な軌道とは，原子核を中心に正四面体型の頂点に向かって伸びた 4 つの空間である．そのそれぞれに価電子が 1 個ずつ入っている（図 2.11 a）．その価電子それぞれが，ほかの原子と電子を共有して共有結合をつくる（図 2.11 b）．この結合を，**σ 結合**（sigma bond）とよぶ．4 つとも水素原子と共有結合をつくると，正四面体型のメタン CH_4 分子になる（図 2.11 c）．

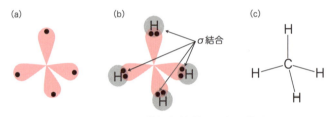

図 2.11　4 つの等価な軌道とメタン分子
(a) sp^3 軌道は原子核を中心に正四面体の 4 つの頂点に向かって伸びた 4 つの空間である．ここに価電子が 1 個ずつ収まっている．(b) その価電子を使って，水素原子 4 個と共有結合をつくるとメタン CH_4 分子になる．(c) 4 本の等価な C–H 結合から成るメタン分子 CH_4 は，正四面体型になる．

エタン CH_3CH_3 の場合には，正四面体型構造を連結した形になる（図 2.12）．アルカンの炭素数が増えてくると，この構造が続くことになる．その結果，アルカンの炭素骨格は，ジグザグ構造になる．

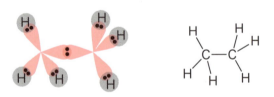

図 2.12　エタン分子の構造
sp^3 混成軌道どうしの結合で C–C 結合をつくっている．

2.6.6 エチレン分子 $H_2C=CH_2$ の形

エチレン分子 $H_2C=CH_2$ の場合には，炭素原子 C がメタン分子 CH_4 の場合と異なる混成軌道をつくる．2s 軌道と，2 個の 2p 軌道（$2p_x$ と $2p_y$）から 3 つの等価な **sp^2 混成軌道**（sp^2 hybrid orbital）をつくる（図 2.13）．このとき，$2p_z$ 軌道は混成にかかわらない．

3 つの等価な軌道とは，原子核を中心に正三角形の頂点に向かって伸び

2.6 分子の形はどのように決まるのか？　29

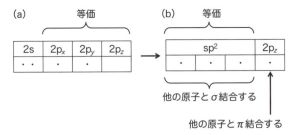

図 2.13　sp² 混成軌道の生成
(a) 2s に 2 個の電子が入り、2p$_x$ と 2p$_y$ に 1 個ずつ電子が入っている。(b) p$_z$ 軌道の電子を残したまま、2s, 2p$_x$, 2p$_y$ の 3 つの軌道を再編成して、3 つの等価な sp² 軌道にする。

た 3 つの空間である（図 2.14 a）。それぞれに 1 個ずつ価電子が入っているので、エチレン分子の炭素原子 C は、そのうちの 2 個で水素原子 H と、1 個でもうひとつの炭素原子 C と共有結合をつくる（図 2.14 b）。

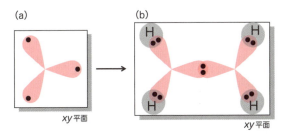

図 2.14　エチレン分子の σ 構造
sp² 混成軌道は xy 平面上に広がっているものとする。炭素原子の sp² 混成軌道どうしがつながって炭素–炭素の σ 結合をつくる。残りの価電子は水素原子との共有結合にもちいられる。ここでは p$_z$ 軌道および p$_z$ 軌道に入っている 4 個目の価電子は見えていない。

混成にかかわらず残された p$_z$ 軌道には、価電子が 1 個残っている。隣の炭素原子も同じ状況である。ここで隣り合った 2 つの p$_z$ 軌道は、軌道の側面を重ね合わせ、電子を共有して一体化し、もう 1 本の共有結合をつくる（図 2.15）。これを **π 結合**（π bond）とよぶ。π 結合をつくる電子は、エチレン分子の原子が配置された平面の上下に分布しており、負の電荷をもつ雲のように分布している。これが妨げとなり、エチレン分子の C=C

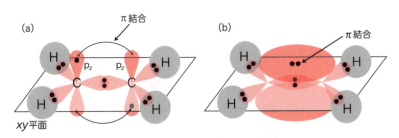

図 2.15　エチレン分子の π 結合
(a) sp² 混成軌道が存在する xy 平面に直交するかたちで p$_z$ 軌道が存在している。となりあった p$_z$ 軌道どうしは、軌道の側面を重ね合わせ、電子を共有し、(b) π 結合をつくる。

結合は，簡単には回転しない．エチレン分子の C=C 結合は σ 結合と π 結合の 2 種類の共有結合から構成されている．π 結合は σ 結合よりも弱く，これだけで原子をつなぎ止めておくことはできない．

2.6.7 アセチレン分子 HC≡CH の形

アセチレン分子 HC≡CH の炭素原子 C は，2s 軌道と 1 個の sp 軌道（$2p_x$ 軌道）から 2 つの等価な **sp 混成軌道**（sp hybrid orbital）をつくる（図 2.16）．このとき，$2p_y$ 軌道および $2p_z$ 軌道は混成にかかわらない．

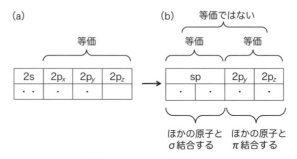

図 2.16 sp 混成軌道の生成
(a) 2s に 2 個の電子が入り，$2p_x$ と $2p_y$ に 1 個ずつ電子が入っている．
(b) p_y 軌道と p_z 軌道を残したまま，2s と $2p_x$ の 2 つの軌道を再編成して，2 つの等価な sp 軌道にする．

2 つの等価な軌道とは，原子核を中心に正反対の方向に向かって伸びた 2 つの空間である．それぞれに 1 個ずつ価電子が入っているので，アセチレン分子の炭素原子 C は，そのうちの 1 個で水素原子 H と，1 個でもうひとつの炭素原子 C と共有結合をつくる（図 2.17）．

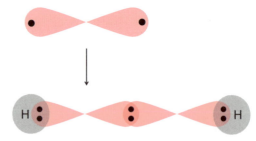

図 2.17 アセチレン分子の σ 結合
炭素原子の sp 混成軌道どうしがつながって炭素-炭素の σ 結合をつくる．残りの価電子は水素原子との共有結合にもちいられる．ここでは p_y 軌道および p_z 軌道は記していない．

混成にかかわらなかった p_y 軌道および p_z 軌道には，それぞれ価電子が 1 個ずつ残っている．隣の炭素原子も同じ状況である．ここで 2 つの p_y 軌道どうし，および p_z 軌道どうしが，それぞれ π 結合をつくる（図 2.18）．このようにアセチレンの C≡C 結合は σ 結合 1 本と π 結合 2 本の合計 3 本の共有結合から構成されている．

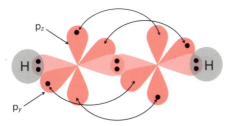

図 2.18 アセチレン分子のπ結合
(a) sp混成軌道に直交するかたちでp_y軌道とp_z軌道が存在している．両者は直交している．となりあったp_y軌道どうし，p_z軌道どうしは，軌道の側面を重ね合わせ，電子を共有し，2本のπ結合をつくる．

2.6.8 シクロヘキサン分子 C_6H_{12} の形

シクロヘキサン C_6H_{12} 分子を骨格構造で記すと図2.19aのようになるが，この分子の構造は平面ではない．シクロヘキサン C_6H_{12} 分子では，6個の炭素原子がsp^3混成軌道をつくって環状につながっているので，骨格は平面構造にならない（図2.19b）．室温では「イス形」とよばれる立体構造をもっている．

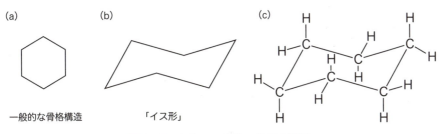

図 2.19 シクロヘキサン分子の構造
(a) 一般的にもちいられる骨格構造．(b) sp^3混成軌道をもつ炭素6個が環状につながった構造．
(c) シクロヘキサン分子を構成するすべての原子を記した構造式．

✓ 2章のまとめ

- ☐ 単結合だけで構成される鎖状の炭化水素をアルカンとよぶ．
- ☐ 単結合だけで構成される炭化水素で，環構造をひとつもつものをシクロアルカンとよぶ．
- ☐ アルカンは燃料として用いられる．
- ☐ 分子中の原子や原子団が他の原子や原子団と置き換わる反応を，置換反応とよぶ．
- ☐ アルカンと塩素を混合しておき，光を照射すると，アルカンの水素原子が塩素原子に置換された化合物が生じる．
- ☐ 同じ数と種類の原子から組み立てられているものの，原子のつながり方が異なっているものどうしを，互いに構造異性体の関係にあるという．
- ☐ 構造異性体どうしでは，融点や沸点，密度，比熱，燃焼熱などが異なる．
- ☐ 分子内に C=C 二重結合をひとつ含む鎖状の炭化水素を，アルケンとよぶ．

2章　炭素原子のつながりかたから見た有機化合物の世界

- 炭素原子が環状構造をつくった構造をひとつ含み，その環のなかに C=C 二重結合を含むものをシクロアルケンとよぶ．
- アルケンの C=C 結合は自由に回転することができない．
- C=C 結合をもつ化合物には，シス-トランス異性体が生じることがある．
- C=C 結合からみて，炭素数がもっとも多い原子団が同じ側にあるものをシス形，反対側にあるものをトランス形とよぶ．
- 炭化水素のうち，炭素原子が鎖状につながっており，分子内に C≡C 結合をひとつもつものを，アルキンとよぶ．
- アルキンでは，三重結合 C≡C と，ここに直結する 2 個の原子は一直線上に並ぶ．
- ベンゼンやその仲間の炭化水素を，芳香族炭化水素とよぶ．
- K 殻，L 殻，M 殻といった電子殻は，それぞれ小部屋に分かれている．これを軌道とよぶ．
- L 殻は 2s 軌道と 2p 軌道から構成されており，2p 軌道は，等価な $2p_x$ 軌道，$2p_y$ 軌道，$2p_z$ 軌道から構成されている．
- 炭素原子が分子をつくるときには，軌道が再編成されて sp^3，sp^2，sp 混成軌道をつくる．
- s 軌道と p 軌道 3 つからつくられる軌道を sp^3 混成軌道，s 軌道と p 軌道 2 つからつくられる軌道を sp^2 混成軌道，s 軌道と p 軌道ひとつからつくられる軌道を sp 混成軌道とよぶ．
- s 軌道や s 軌道を含む混成軌道の共有結合を，σ 結合とよぶ．
- p 軌道の電子どうしを共有してつくられる共有結合を π 結合とよぶ．

章 末 問 題

1. アルカン C_6H_{12} の構造異性体の構造をすべて記せ．（ヒント：5 種類ある）
2. プロパン C_3H_8 分子中の水素原子を 3 個 塩素原子 Cl に置換した分子の構造をすべて記せ．
3. 次の化合物(a)および(b)のシス形異性体およびトランス形異性体の構造を記せ．
　　(a) HOOCCH=CHCOOH　　(b) CH_3CH=CHCH$_2$COOH
4. 次の化合物(a)〜(f)を，アルカン，シクロアルカン，アルケン，シクロアルケン，アルキン，芳香族炭化水素に分類せよ．

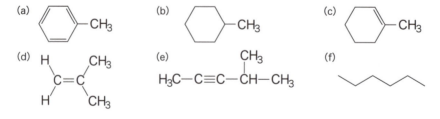

chap 03 鏡の国の有機化学
立体異性体

本章のねらい

1. 鏡像異性体，ジアステレオ異性体，メソ化合物について，それぞれどのようなものなのか，具体的な例をあげて説明できる．
2. 不斉炭素原子とキラルな化合物の関係を説明できる．
3. 互いに構造異性体あるいは立体異性体の関係にある化合物の間で，共通する性質と異なる性質を説明できる．

3.1 鏡のこちらと鏡の向こう

鏡像異性体

　読者も 1 日に一度は鏡を見ることだろう．鏡に右手を差しだすと，鏡の向こうの自分は左手を差しだしてくる．右手と左手は互いに重ね合わせることができない形になっている．右耳と左耳，手袋や靴などの右用と左用も同じ関係である．この世界には実像と鏡像を重ね合わせられない形というものがある．

　すべての図形が実像と鏡像を重ね合わせられないわけではない．ボールや角砂糖，バット，コーヒーカップなどは実像と鏡像を重ね合わせることができる．こうした図形には，どこかで二分割したとき，対称な形のものができる切り方が存在する．これが存在しない図形の場合には，実像と鏡像を重ね合わせることができない．

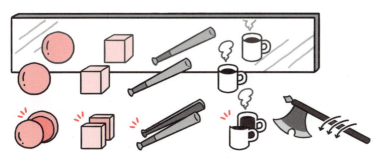

3.1.1 鏡の世界の分子

これと同じ関係が分子の世界にも存在する．たとえば「うま味」の調味料として使われているL-グルタミン酸を考える[*1]．L-グルタミン酸を鏡に映すと，D-グルタミン酸になる．どちらもこの世界に存在する分子である．L-グルタミン酸とD-グルタミン酸は，互いに重ね合わせることのできない別の形をもっている．

*1 調味料に用いられるグルタミン酸はグルタミン酸のナトリウム塩である．今はグルタミン酸の構造を暗記しなくてもよい．

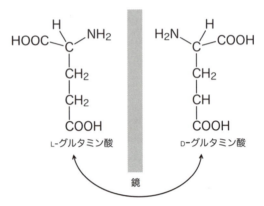

図 3.1　L-グルタミン酸と D-グルタミン酸
両者は互いに鏡に映したときのかたちをもっている．右手と左手のように，両者を重ね合わせることはできない．この関係を互いに鏡像異性体の関係にあるという．

これに対し，水素 H_2 や水 H_2O，アンモニア NH_3 などは，実像と鏡像が同じ形をしている．こうした分子にはどこかで二分割したとき，対称な形のものができる切り方が存在する．

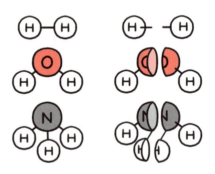

ある分子が鏡像と重ね合わせることのできない構造をもつとき，その分子を**キラル** (chiral) な分子とよぶ．そして互いに実像と鏡像の関係にある分子どうしを，互いに**鏡像異性体** (enantiomer) の関係にあるという[*2]．キラルな分子には鏡像異性体が存在する．

*2 高校化学で鏡像異性体を光学異性体とよぶことがあるが，これは不正確である．

3.1.2 立体図形を平面に描くための工夫

鏡像異性体について考えるためには，分子の立体構造を平面に描く方法を決めておく必要がある．広く使われている方法では紙面からこちら側に飛びだしている共有結合を ━▶ であらわし，紙面から向こう側に飛び

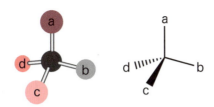

だしている共有結合を ◢◢◢◢ や ⋯⋯ であらわす．本書では立体構造を説明するときにこの方法を用いるが，本書の読者に対してはこの描き方の習得を求めないことにする．

3.1.3 どのようなときに鏡像異性体があらわれるのか

グルタミン酸は1個の炭素原子Cに $-H$, $-NH_2$, $-COOH$, $-CH_2CH_2COOH$ の4種類の原子あるいは原子団が共有結合した構造をもつ．このように4種類の異なる原子あるいは原子団をもつ炭素原子を，**不斉炭素原子**（asymmetric carbon atom）とよぶ．不斉炭素原子を示すときには C^* と記すことがある．ある分子が不斉炭素原子 C^* を1個もつとき，その分子には鏡像異性体となる分子が存在する[*3]．

*3 1個と限定しているのには理由がある．その理由はこの先で説明する．

 例題 3.1 次に示す化合物中の不斉炭素原子をすべて選べ

(a) $H_2N-\underset{|}{\overset{COOH}{CH}}-CH_2-COOH$

(b) $H_3C-\underset{|}{\overset{OH}{CH}}-\underset{|}{\overset{NH_2}{CH}}-COOH$

(c) $H_3C-\underset{|}{\overset{CH_3}{CH}}-CH_2-\underset{|}{\overset{CH}{CH}}-CH_2-CH_3$

解答 3.1

(a) $H_2N-\underset{|}{\overset{COOH}{\boxed{CH}}}-CH_2-COOH$

(b) $H_3C-\underset{|}{\overset{OH}{\boxed{CH}}}-\underset{|}{\overset{NH_2}{\boxed{CH}}}-COOH$

(c) $H_3C-\underset{|}{\overset{CH_3}{\boxed{CH}}}-CH_2-\underset{|}{\overset{CH}{\boxed{CH}}}-CH_2-CH_3$

解説 3.1 単結合で炭素原子に直結している元素の原子だけを見るわけではない．原子団を見る．たとえば(a)では不斉炭素原子には2個のC原子が直結しているが，そこに注目するのではなく原子団に注目する．$-CH_2CH_2COOH$ と $-COOH$ は別の原子団である．

$H_2N-\underset{\boxed{H}}{\overset{\boxed{COOH}}{C}}-\boxed{CH_2-COOH}$

3.1.4 身体は鏡像異性体を見分けている

鏡像異性体どうしは沸点や融点，比熱，燃焼熱，密度，溶解度，色などが共通だが，味や薬としての効き方など生物学的な性質が大きく違っていることがある．たとえば，L-グルタミン酸には「うま味」があるが，D-グルタミン酸には味がない．人間の味覚はグルタミン酸分子の不斉炭素原子を見分けている．

3.1.5 鏡像異性体は薬としての効き目が違うことがある

薬としての作用にも鏡像異性体では違いがみられることがある．1950年代にサリドマイドという睡眠薬が開発され，日本を含む世界各国で市販された．ところがこの薬を服用した妊婦から，奇形をもつ新生児が生まれてくる事件が多発した（サリドマイド事件）．サリドマイドには不斉炭素原子が1個あり，(R)-サリドマイドと (S)-サリドマイドの鏡像異性体が存在する．不斉炭素原子をもたない原料から不斉炭素原子をもつ化合物を合成すると，50%ずつの割合で鏡像異性体を含む混合物が得られる．鏡像異性体を50%ずつ含む混合物を**ラセミ体**（racemate）とよぶ．市販されたサリドマイドはラセミ体であった．後におこなわれた研究から睡眠薬としてはたらくのは (R)-サリドマイドだけで，(S)-サリドマイドは催奇性をもつことがわかった．分子内のたった1個の炭素原子の違いが，人体に対する働きをまったく異なるものにしてしまうのである[*4]．

*4 現在の技術では (R)-サリドマイドと (S)-サリドマイドを分離できるが，(R)-サリドマイドだけを服用しても，生体内で (S)-サリドマイドへの変換が進行することがわかっている．サリドマイドの構造は暗記しなくてもよい．

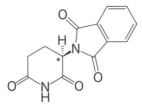 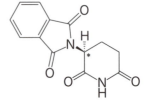

(R)-サリドマイド（睡眠薬）　　　(S)-サリドマイド（催奇性）

> **Column**　鏡の国の香り
>
> われわれの身体はさまざまなかたちで立体異性体を区別している．L-グルタミン酸に「うま味」を感じるのにD-グルタミン酸には味を感じないのは代表的な例だが，臭いについても区別していることがある．その一例がリモネンである．
>
> リモネンには (+)-リモネンと (−)-リモネンの鏡像異性体が存在する．(+)-リモネンは柑橘系の果皮に多く含まれており，レモン臭をもつ．一方，(−)-リモネンはハッカ油中に含まれており，清涼感のある臭いである．

3.2 鏡像異性体ではないけれども不斉炭素原子をもつ構造

ジアステレオ異性体

3.2.1 鏡像異性体を人体で考える

構造式で考えると難しくなるので，しばらく人体で考えることにする．そっくりな双子の兄弟が向かい合わせに立っている．2人は鏡に映った姿どうしの真似をして遊ぶことにした．

兄が右手を上げると，弟は左手を上げる．このとき，2人の姿は重ね合わせることができない．2人は互いに分子でいうところの鏡像異性体の関係にある．

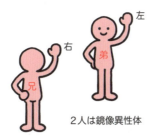
2人は鏡像異性体

次に，兄が右手を上げつつ右足も上げる．そうすると弟は左手を上げつつ左足を上げる．2人は，やはり互いに鏡像異性体の関係にある．

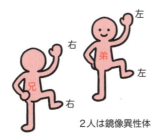
2人は鏡像異性体

その次に，兄が右手を上げて左足を上げる．すると弟は左手を上げつつ右足を上げる．やはり2人は互いに鏡像異性体の関係にある．

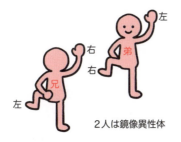
2人は鏡像異性体

3.2.2 半分だけ鏡に映る？

ここから話がややこしくなる．落ち着いて考えながら読み進めていただきたい．まず，兄が右手を上げる．すると弟は左手を上げる．2人は互いに鏡像異性体の関係にある．

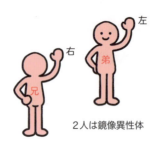

2人は鏡像異性体

次に，兄が右手を上げたままで右足を上げる．このとき弟は左手を上げたままで，左足を上げるはずである．ところがどうしたわけか，弟は右足を上げてしまった．

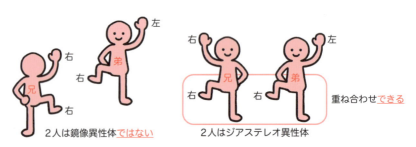

2人は鏡像異性体ではない　　2人はジアステレオ異性体　　重ね合わせできる

こうなると，2人の関係は互いに鏡像異性体の関係にならない．ではこの関係を何というのだろうか．この関係は互いに**ジアステレオ異性体**（diastereomer）の関係にあるという．一般に，ジアステレオ異性体どうしでは沸点や融点，燃焼熱，密度，溶解度，味や薬としての効き方などに違いがみられる．

Column　メントール

ハッカ風味のキャンディやガム，歯磨き粉，リップクリームなどが舌や肌に触れると冷たく感じる．これは製品中に香料として含まれているメントールによるものである．メントールはハッカ（植物）に含まれる有機化合物である．

メントールには3個の不斉炭素原子があり，2×2×2＝8種類の立体異性体が存在する．天然に存在するメントールのほとんどはそのうちの1種類であり，ハッカ風味をもつのもこれだけである．

メントールはさまざまな食品や化粧品，医薬品に含まれており，ハッカから得られる量だけでは生産量が足りないので，化学合成がおこなわれている．しかし，簡単な原料からメントールを合成していくと，立体異性体の混合物が生じる．このなかには不快臭をもつものも含まれる．そこで不斉炭素をもつ物質を触媒に用いることで，天然のメントールと同じ立体異性体だけを合成する技術が開発され，現在はこれを使った工業合成がおこなわれている．

3.2.3 ジアステレオ異性体を分子で考える

　以上を分子の構造で考えることにしよう．具体的な分子として次の化合物を考える．

　この化合物は2つの不斉炭素原子C*をもっている．2つのC*にはそれぞれ2通りの空間配置が可能である．そして2×2＝4通りの，互いに空間配置の異なる分子が考えられる．

　そのうちの2つを比べてみよう．(a)はL-トレオニン，(b)はD-トレオニンという化合物である[*5]．

*5 トレオニンは1章p.12にも出てきた．ここでは構造を暗記しなくてもよい．

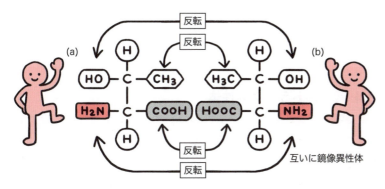

　ここで－OH，－CH₃，－NH₂，－COOHの取りつけられている場所がすべて反転していることを確認してほしい．この2つの構造は鏡像と実像の関係にある．すなわち，互いに鏡像異性体の関係にある．

　それでは次の2つはどうなっているだろうか．

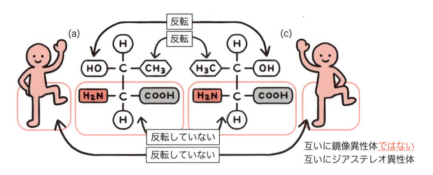

　分子の上半分は反転しているが，下半分は反転していない．したがって，両者は鏡像異性体の関係にはない．この関係が互いにジアステレオ異性体の関係である．鏡像異性体とジアステレオ異性体を併せて**立体異性体**(stereo isomer)とよぶ．

　互いに立体異性体の関係にある2つの分子を比べたとき，互いに鏡像異性体の関係にあれば互いにジアステレオ異性体の関係になく，互いにジアステレオ異性体の関係にあれば互いに鏡像異性体の関係にない．

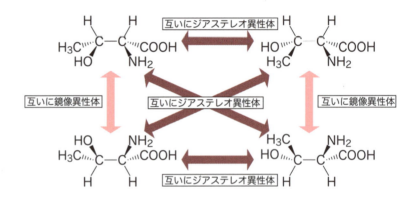

3.2.4　シス–トランス異性体

　2章で学んだシス–トランス異性体はジアステレオ異性体に分類する．ここまでに出てきた異性体の関係を整理すると，次のようになる．構造異性体，鏡像異性体，シス–トランス異性体，それ以外のジアステレオ異性体の4種類の関係があり，そのなかでかけもちすることはない．

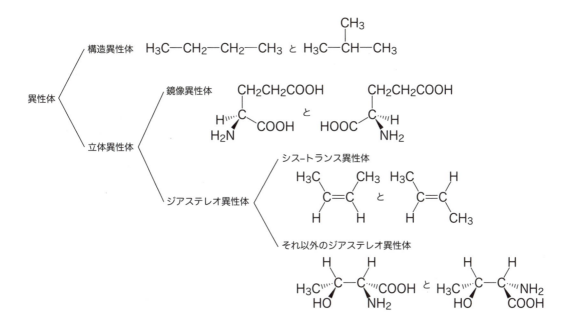

3.3 不斉炭素原子をもつのに鏡像異性体がない

メソ化合物

　グルタミン酸は分子内に不斉炭素原子が1個存在し，立体異性体の数は2個であった．トレオニンでは分子内に不斉炭素原子が2個存在し，立体異性体の数は $2 \times 2 = 4$ 個であった．こう考えると，分子内に不斉炭素原子が n 個存在する場合には 2^n 個の立体異性体が存在しそうだが，実際にはそういうわけではない．分子内に n 個の不斉炭素原子を含む化合物には，最大で 2^n 個の立体異性体が存在するというのが正解である．これについて考えよう．

　再び双子の兄弟のポーズで考える．兄が右手を上げ弟が左手を上げると，2人は互いに鏡像異性体の関係になる（この場面はこれで3回目である）．

2人は鏡像異性体

　ここで兄が右手を上げたまま左手も上げた．すると弟は左手を上げたまま右手を上げた．このとき両者の関係は鏡像異性体にならない．2人は同じ姿をしているからだ．

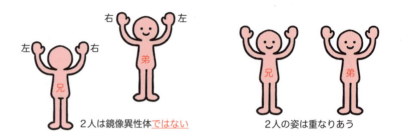

2人は鏡像異性体ではない　　2人の姿は重なりあう

なぜこうなるのかというと，両手を上げることで人体が左右対称になったからである．

左右対称

これと同じことが分子の世界にもみられる．パスツール[*6]が研究した酒石酸を例に考えよう．まず炭素原子Cと水素原子Hを2個ずつ次の順番でつなげる．このとき原子のつながりは左右対称になっている．

H–C–C–H
左右対称

次に，両端の炭素原子Cに–COOHをそれぞれ取りつける．平面に乗せることができないので，紙面よりも手前に飛びだすかたちで取りつけることにする．このときも，原子のつながりは左右対称になっている．

HOOC–C(H)–C(H)–COOH
左右対称

[*6] パスツールは細菌学者として有名だが，もともと化学を専攻していた．

さらに両端の炭素原子Cに–OHをそれぞれ取りつける．今度は紙面の向こう側に飛びだすかたちで取りつけることにする．やはり原子のつながりは左右対称である．

HO–C(H)–C(H)–OH
HOOC　　COOH
左右対称

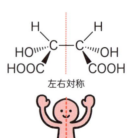

この分子を鏡に映してみる．実像と鏡像は互いに鏡像異性体の関係にありそうだが，実は両者はまったく同じ分子であり，互いに重ね合わせることができる．この化合物は不斉炭素原子をもっているが，互いに鏡像異性体となる分子が存在しない構造になっている．

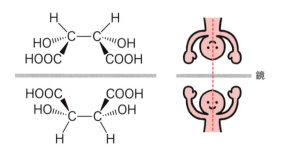

このように不斉炭素原子を2個以上もっている化合物では，互いに鏡像異性体となる構造が存在しない場合がある．このような構造をもつ化合物を**メソ化合物**（meso compound）とよぶ．メソ化合物には鏡像異性体は存在しないが，互いにジアステレオ異性体となる化合物は存在する．酒石酸の場合は次のような関係になっている．

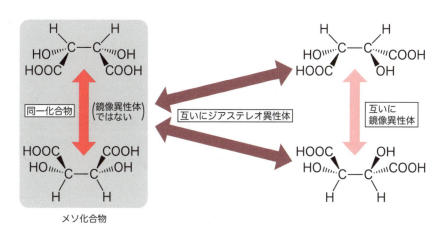

したがって酒石酸の分子内には2個の不斉炭素原子が存在するが，酒石酸の立体異性体の数は $2 \times 2 = 4$ 個とはならず，3個である．同じ理由で不斉炭素原子を n 個もつ化合物の場合，立体異性体の数は最大で 2^n 個となる．メソ化合物が存在する可能性があるためである．

不斉炭素原子を2個もつ化合物の場合，メソ化合物となる化合物が存在するのは，2個の不斉炭素原子に直結している原子あるいは原子団が共通しているときである．酒石酸の場合，−H，−OH，−COOH がいずれも共通している．

例題 3.2　次の化合物の異性体のなかにメソ化合物が存在するものはどれか．

(a) H₃C—CH₂—OH　　(b) H₂N—CH₂—COOH

(c) 　　　CH₃
　　H₃C—CH—COOH

(d) 　　　　　CH₃
　　H₃C—CH₂—CH—COOH

(e) 　　　NH₂
　　H₃C—CH—COOH

(f) 　　OH OH
　H₃C—CH—CH—CH₃

解答 3.2　(f)

解説 3.2　直結している3種類の原子または原子団が3個とも共通している炭素原子を2個もっている．

3.4　不斉炭素原子をもたないのに鏡像異性体がある

不斉炭素原子をもたないのに鏡像異性体が存在する場合もある．たとえば次の分子がこの性質をもつ．

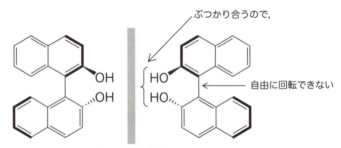

互いに鏡像異性体

この分子では分子内の2個のヒドロキシ基−OHどうしがぶつかり合うため，環と環とを結ぶ軸は自由に回転することができない．そのため互いに鏡像異性体の関係にある2種類の分子が存在する．不斉炭素原子をもつかどうかと，鏡像異性体が存在するかどうかは別の問題なのである．

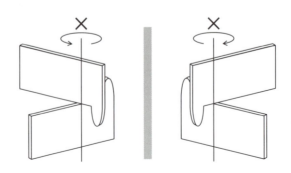

✔ 3章のまとめ

- 分子内の原子のつながり方は同じだが，空間的な配置が異なるものどうしは，互いに立体異性体の関係にある.
- 立体異性体のうち実像と鏡像の関係にあるものどうしは，互いに鏡像異性体の関係にある.
- 立体異性体のうち鏡像異性体ではないものどうしは，互いにジアステレオ異性体の関係にある.
- シス−トランス異性体はジアステレオ異性体の一種である.
- 4種類の異なる原子あるいは原子団と共有結合した炭素原子を不斉炭素原子とよぶ.
- 実像と鏡像を重ね合わせることのできない構造をもつ分子をキラルな分子とよぶ.
- 鏡像異性体を50％ずつ含む混合物をラセミ体とよぶ.
- 不斉炭素原子を2個以上もち実像と鏡像が同一となる分子を，メソ化合物とよぶ.
- 不斉炭素原子を n 個もつ有機化合物には最大で 2^n 個の立体異性体が存在する.

◉ 章 末 問 題 ◉

1. 次の分子と構造異性体の関係にあるものを＜選択肢＞からすべて選べ.

$H_3C-CH_2-O-CH_2-CH_3$

＜選択肢＞

(a) $H_3C-O-CH_2-CH_3$

(b) $H_3C-O-\overset{\overset{\displaystyle CH_3}{|}}{CH}-CH_3$

(c) $H_3C-CH_2-CH_2-CH_2-OH$

(d) $H_3C-CH_2-CH_2-CH_2-O-CH_3$

(e) $H_3C-CH_2-\overset{\overset{\displaystyle OH}{|}}{CH}-CH_2-CH_3$

2. 立体異性体に関する次の問いに答えよ.

(1) 立体異性体が存在するものを＜選択肢＞のなかからすべて選べ.

(2) (1) で選んだもののうち，その異性体のなかに互いに鏡像異性体となる組合せが存在するものをすべて選べ.

(3) (1) で選んだもののうち，その異性体のなかに互いにジアステレオ異性体となる組合せが存在するものをすべて選べ.

(4) (1)で選んだもののうち，その異性体のなかにメソ化合物が存在するものをすべて選べ.

＜選択肢＞

(a)
$$\text{H–}\underset{\underset{\text{H}}{|}}{\overset{\overset{\text{H}}{|}}{\text{C}}}\text{–}\underset{\underset{\text{H}}{|}}{\overset{\overset{\text{H}}{|}}{\text{C}}}\text{–OH}$$

(b)
$$\text{H}_2\text{N–}\underset{\underset{\text{H}}{|}}{\overset{\overset{\text{COOH}}{|}}{\text{C}}}\text{–CH}_3$$

(c)
$$\text{H}_2\text{N–}\underset{\underset{\text{H}}{|}}{\overset{\overset{\text{COOH}}{|}}{\text{C}}}\text{–}\underset{\underset{\text{OH}}{|}}{\overset{}{\text{CH}}}\text{–CH}_3$$

(d)
$$\underset{\underset{\text{H}}{|}}{\overset{\overset{\text{H}}{|}}{\text{C}}}\text{=}\underset{\underset{\text{Cl}}{|}}{\overset{\overset{\text{H}}{|}}{\text{C}}}$$

(e)
$$\text{H}_2\text{N–}\underset{\underset{\text{H}}{|}}{\overset{\overset{\text{COOH}}{|}}{\text{C}}}\text{–CH}_2\text{–CH}_2\text{–COOH}$$

(f)
$$\text{HOOC–}\underset{\underset{\text{H}}{|}}{\overset{\overset{\text{OH}}{|}}{\text{C}}}\text{–}\underset{\underset{\text{COOH}}{|}}{\overset{\overset{\text{H}}{|}}{\text{C}}}\text{–OH}$$

(g)
$$\text{Cl–}\underset{\underset{\text{H}}{|}}{\overset{\overset{\text{H}}{|}}{\text{C}}}\text{–}\underset{\underset{\text{H}}{|}}{\overset{\overset{\text{Cl}}{|}}{\text{C}}}\text{–Cl}$$

3. 異性体に関する次の問いに答えよ．

(1) 互いに構造異性体の関係にある2種類の有機化合物どうしで，必ず同じになるものを＜選択肢＞からすべて選べ．

(2) 互いに鏡像異性体の関係にある2種類の有機化合物どうしで，必ず同じになるものを＜選択肢＞からすべて選べ．

(3) 互いにジアステレオ異性体の関係にある2種類の有機化合物どうしで，必ず同じになるものを＜選択肢＞からすべて選べ．

　　＜選択肢＞ 分子量，沸点，融点，密度，比熱，燃焼熱，色，水に対する溶解度，1モルが燃焼したときに生じる二酸化炭素の質量

4. 不斉炭素原子を n 個もつ化合物に立体異性体が 2^n 個存在するとは限らないのはなぜか．

chap 04 分子をくっつける・つなぐ・取り外す
付加・付加重合・脱離

本章のねらい

1. アルケンへの付加反応の具体的な例をあげて説明できる．
2. 脱離反応の具体的な例をあげて説明できる．
3. 付加重合によってつくられている物質の例をあげて，それらの特徴を説明できる．
4. 共役二重結合と導電性高分子のしくみを説明できる．

4.1 取りつける

付加反応

幼いころにブロックで遊んだ読者もいることだろう．2つのブロックを組み合わせてひとつにしたり，次つぎとブロックをつなげていったり，組み合わさっているブロックのかたまりの端からブロックをはずしたり．そういうことをしたのを思い出すかもしれない．これと似たことが有機化合物の世界でもおこなわれている．

4.1.1 エチレンに取りつける

炭素-炭素間に二重結合をもつ化合物が**アルケン**(alkene)である．もっとも簡単なアルケンであるエチレンについて考えることにする[*1]．

*1 エチレンをエテンとよぶこともある．

エチレン

臭素 Br_2 を溶かした水溶液は赤褐色をしている．ここにエチレンを通すと，水溶液の赤褐色が消える．これは次のように臭素 Br_2 がエチレンに結合したためである．

このように2つの反応物が合わさって，何も取り残されることなくひとつの新しい生成物ができる反応を**付加反応**(addition reaction)とよぶ．

*2 Pt や Ni などの触媒が必要である.

エチレンと水素を反応させると，エタンが生じる[*2]．この反応は植物油からマーガリンを製造するときに応用されている（12章で学ぶ）.

$$H_2C=CH_2 + H_2 \longrightarrow H_3C-CH_3$$
エチレン　　　　　　　　　　　エタン

*3 硫酸やリン酸などが触媒として必要である.

またエチレンと水 H_2O とを反応させると，エタノールが得られる[*3]．この反応は工業用アルコールの製造に用いられている．水が付加する反応を，**水和反応**（hydration reaction）とよぶ.

$$H_2C=CH_2 + H-O-H \longrightarrow H_3C-CH_2-OH$$
エチレン　　　　　　　　　　　　　　　エタノール

4.1.2　どちらにつくのか？──マルコフニコフ則

エチレンに水 H_2O が付加する場合，$-H$ と $-OH$ がそれぞれどちらの炭素原子 C についても同じ化合物が生じる.

$$H_3C-CH_2-OH \quad HO-CH_2-CH_3$$
どちらも同じエタノール

*4 プロピレンはプロペンとよぶこともある.

それではプロピレンに水 H_2O が付加する場合は，どのような化合物が生じるのだろうか[*4].

$$H_2C=CH-CH_3 + H-O-H \longrightarrow HO-CH_2-CH_2-CH_3 \text{ or } H_3C-CH(OH)-CH_3$$
プロピレン　　　水　　　　　　　　1-プロパノール　　　　2-プロパノール

1-プロパノールと 2-プロパノールは互いに構造異性体の関係にあり，異なる化合物である．この反応では 2-プロパノールが生じる．一般に H_2O（H-OH），HBr，HCl など H-X 型の化合物がアルケンに付加するとき，アルケンの二重結合を形成する 2 個の炭素原子 C のうち水素原子 H の多いほうに H が，水素原子 H の少ないほうに X が付加する傾向がある．これを**マルコフニコフ則**（Markovnikov's rule）とよぶ.

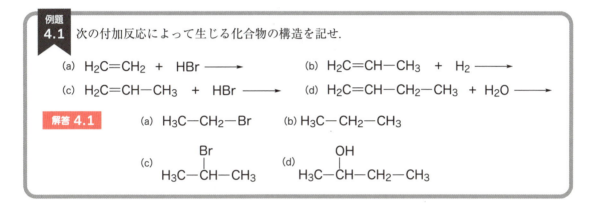

アルケンへの付加反応は医薬品や医療材料の原料を合成するときにも用いられる．付加反応における生成物がどのような構造をもつのかを予測するときに，マルコフニコフ則が役に立つ．

> **例題 4.1** 次の付加反応によって生じる化合物の構造を記せ．
>
> (a) $H_2C=CH_2 + HBr \longrightarrow$ (b) $H_2C=CH-CH_3 + H_2 \longrightarrow$
>
> (c) $H_2C=CH-CH_3 + HBr \longrightarrow$ (d) $H_2C=CH-CH_2-CH_3 + H_2O \longrightarrow$
>
> **解答 4.1**
> (a) H_3C-CH_2-Br (b) $H_3C-CH_2-CH_3$
>
> (c) $H_3C-\overset{Br}{\underset{|}{CH}}-CH_3$ (d) $H_3C-\overset{OH}{\underset{|}{CH}}-CH_2-CH_3$

4.2 取り外す   脱離反応

4.2.1 水が取れる——脱水反応

エタノールを濃硫酸とともに加熱すると，水 H_2O が取れてエチレンが生じる．ひとつの出発物質から水のように単純な分子が取れ構成原子数の少ない分子が生じる反応を，**脱離反応**(elimination reaction)とよぶ．また分子内あるいは分子間で水分子が取れて進む反応を，**脱水反応**(dehydration reaction)とよぶ．

4.2.2 どちらが取れるのか——ザイツェフ則

2-プロパノールを濃硫酸とともに加熱すると，やはり水 H_2O が取れてプロピレンが生じる．この場合には水 H_2O の取れ方が2通り考えられるが，どちらの場合もプロピレンになる．

50 4章　分子をくっつける・つなぐ・取り外す

2-プロパノール　　　プロピレン　　　　　　　　　　　　　プロピレン

それでは次の化合物から水が脱離する反応では，どのような物質が生じるのだろうか．

$$H_3C-CH=CH-CH_3 \quad (a)$$
or
$$H_2C=CH-CH_2-CH_3 \quad (b)$$

*5　ここではシス–トランス異性体については考えないことにする．

この場合，(a)が8割，(b)が2割生じる[*5]．アルコールの脱水反応においてはヒドロキシ基–OHが結合しているC原子の両隣のC原子のうち，結合しているH原子の少ないほうからH原子が失われたものがおもな生成物になる．これを，アルコールの脱水反応における**ザイツェフ則**（Zaitsev's rule）とよぶ[*6]．

*6　ザイツェフ則はアルコール以外の物質に対しても適用される．また，ザイツェフ則に従わない反応もある．

$$H_3C-CH-CH_2-CH_3$$

3個　OH　　2個

こちらのHが取れる

4.2.3　生成物は1種類だけとは限らない——主生成物と副生成物

化学反応では1種類だけの生成物が生じるとは限らない．2種類の以上の生成物が生じる場合もあり，多く生じるものを**主生成物**（main product），主生成物でないものを**副生成物**（by-product）とよぶ．上記反応では，8割できる(a)が主生成物，2割できる(b)が副生成物である．同じ出発物質から始めた場合でも，反応条件を変えると主生成物が変わることがある．

例題 4.2　次の化合物から水が脱離して生じる主生成物の構造式を記せ．シス–トランス異性体の生成については考慮しなくてよい．

(a) $H_3C-CH_2-CH-CH_3$
　　　　　　　　OH

(b) $H_3C-CH-CH_2-CH_2-CH_3$
　　　　　OH

解答 4.1　(a) $H_3C-CH=CH-CH_3$　　(b) $H_3C-CH=CH-CH_2-CH_3$

4.3 次つぎとつながる

付加重合

コンビニエンスストアやスーパーマーケットのレジ袋に用いられている化合物は，ポリエチレンである．ポリエチレンはエチレン $H_2C=CH_2$ から製造される．エチレンを適切な触媒に接触させると，次のようにエチレン分子の二重結合が開いて次つぎとつながっていく．

$$\cdots + \underset{H}{\overset{H}{C}}=\underset{H}{\overset{H}{C}} + \underset{H}{\overset{H}{C}}=\underset{H}{\overset{H}{C}} + \cdots \longrightarrow \cdots -\underset{H}{\overset{H}{C}}-\underset{H}{\overset{H}{C}}-\underset{H}{\overset{H}{C}}-\underset{H}{\overset{H}{C}}- \cdots$$

エチレン　　　　　　　　　　　　　　　　ポリエチレン

このように連続的に付加反応が起こり，分子量の大きな化合物を生じる反応を，**付加重合**（addition polymerization）とよぶ．

4.3.1 大きな分子量をもつ化合物——高分子

分子量の小さな分子が多数連結して分子量の大きな化合物となる反応を，**重合反応**（polymerization）とよぶ[*7]．重合反応において原料となる物質を**単量体**や**モノマー**（monomer），生成する物質を**高分子化合物**や**高分子**，**重合体**や**ポリマー**（polymer）とよぶ．高分子の分子量は 10^4 を超える．通常は高分子の末端構造は考えない．末端がどのような構造になっていても，分子全体の性質に与える影響は無視できるからである．高分子の分子量を考えるときにも，末端の存在は無視する．

*7 重合反応には付加重合以外のしくみで進むものもある．これについては11章で学ぶ．

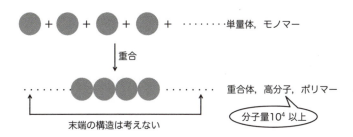

4.3.2 高分子の構造を記す

重合の化学反応式や高分子の繰返し構造をあらわす正式な方法は定められていない．次のように，さまざまな方法が使われている．

$$n\,H_2C=CH_2 \longrightarrow \{CH_2-CH_2\}_n$$

$$n\,H_2C=CH_2 \longrightarrow [CH_2-CH_2]_n$$

$$H_2C=CH_2 \Longrightarrow \{CH_2-CH_2\}_n$$

$$H_2C=CH_2 \Longrightarrow [CH_2-CH_2]_n$$

ここで n は高分子中における単量体の繰返し回数であり，これを**重合度**（degree of polymerization）とよぶ．重合度に，理論的制約はない．数万を超える場合もある．

4.3.3 高分子の分子量をはかる

高分子の分子量を求める方法のひとつに，浸透圧の測定がある．希薄溶液では浸透圧 Π，高分子のモル濃度 C，絶対温度 T の間に，次の関係が成り立つ（ファントホッフの法則）．ただし，R は気体定数 8.314 J mol^{-1} K^{-1} = 8.314 Pa m^3 mol^{-1} K^{-1} である．

$$\Pi = CRT$$

ここで溶質の物質量を n，溶液の体積を V とすると，$C = n/V$ なので，次の関係が成り立つ．

$$\Pi = \frac{n}{V}RT$$

溶質の質量を w，溶質のモル質量を M とすると，$n = w/M$ なので，次式が成り立つ．

$$\Pi = \frac{w}{MV}RT$$

*8 厳密にはこの数値部分と分子量とは同じではないが，同じものとして扱って構わない．

この関係式から次式が導かれる．モル質量 M の単位を g mol^{-1} とするとき，その数値部分が分子量である[*8]．

$$M = \frac{wRT}{\Pi V}$$

例題 4.3

ある高分子 1.2 g を溶媒に溶かして体積を 100 mL とし，温度 27℃（300 K）においてその浸透圧を測定したところ，250 Pa であった．この高分子の分子量はいくらか．有効数字 2 桁で答えよ．気体定数は 8.3 Pa m^3 mol^{-1} K^{-1} とせよ．

解答 4.3　1.2×10^5

解説 4.3　単位を g mol^{-1} とするモル質量の数値部分が分子量である．単位を省略せずに途中計算を進める．1 mL は 10^{-3} L，1 L は 10^{-3} m^3 なので，100 mL は 100×10^{-6} m^3 である．

$$M = \frac{wRT}{\Pi V} = \frac{(1.2 \text{ g}) \times (8.3 \text{ Pa m}^3 \text{ mol}^{-1} \text{ K}^{-1}) \times (300 \text{ K})}{(250 \text{ Pa}) \times (100 \times 10^{-6} \text{ m}^3)}$$

$$= 11952 \text{ g mol}^{-1} = 1.2 \times 10^5 \text{ g mol}^{-1}$$

モル質量の数値部分が分子量なので，答えは 1.2×10^5 となる．

4.3.4 付加重合でつくられるさまざまな高分子化合物

$H_2C=CH-$ の構造を**ビニル基**（vinyl group）とよぶ[*9]．ビニル基をもつ化

4.3 次つぎとつながる

表4.1 付加重合でつくられるさまざまな高分子

—X の構造	単量体の名称 重合体の名称	用途の例
—H	エチレン ポリエチレン (PE)	レジ袋，ペットボトルのフタ，使い捨て手袋
—Cl	塩化ビニル ポリ塩化ビニル (PVC)	上下水道配管 (灰色のものが多い)，玩具人形，電気絶縁材料 (延長ケーブルの被覆)
—CH$_3$	プロピレン ポリプロピレン (PP)	ごみバケツ，風呂椅子
—C≡N	アクリロニトリル ポリアクリロニトリル (PAN)	衣類 (アクリル繊維)，食品容器 (味噌カップ)
（ベンゼン環）	スチレン ポリスチレン (PS)	カップラーメン容器，梱包剤 (発泡スチロール)，使い捨て弁当箱
—COOH	アクリル酸 ポリアクリル酸	おむつ，生理用品，ペット用トイレシート
—O—C—CH$_3$（O）	酢酸ビニル ポリ酢酸ビニル (PVAc)	木工用接着剤 (白い液状のもの)，チューインガム

合物から，付加重合によってさまざまな高分子が合成される (表4.1).

またビニル基はもたないが，C=C 結合をもつ単量体から表4.2 にあげた高分子が合成されている.

*9 H$_2$C=CHX の付加重合で製造される高分子を，ビニル系ポリマーとよぶことがある．レジ袋をビニル袋とよぶことがあるが，これがその語源である.

ビニル基

表4.1 付加重合でつくられるさまざまな高分子

単量体	重合体	用途の例
テトラフルオロエチレン	$+$CF$_2$—CF$_2$$+_n$ ポリテトラフルオロエチレン (PTFE)	調理器具 (フッ素樹脂コーティング)
メタクリル酸メチル	ポリメタクリル酸メチル (PMMA)	水族館の大型水槽，照明器具カバー，光ファイバー

(a) 付加重合でつくられる高分子の医療への応用

輸液バッグや送液チューブには，ポリエチレンやポリ塩化ビニル，ポリプロピレンが使われている．人工関節には医療グレードのポリエチレンとステンレス鋼とを組み合わせたものが選ばれることがある．使い捨て注射筒の素材はポリプロピレンである．細胞培養に使われる透明シャーレの素材はポリスチレンである．ポリテトラフルオロエチレンはカテーテルや人工血管，外科手術用の骨接合ボルトに使われている．ハードコンタクトレンズや人工歯の素材にはポリメタクリル酸メチルが選ばれる．

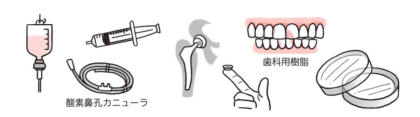

例題 4.4 次の化合物の付加重合によって生じる高分子の構造式を記せ．

解答 4.4

解説 4.4 C=C の二重結合が開いて単結合ができる．C=O は付加重合に関係しない．

例題 4.5 次の高分子を付加重合で合成するために必要な単量体の構造を記せ．

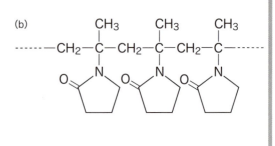

解答 4.5

(a) H₂C=C(CH₃)-C(=O)-O-CH₂-CH₂-OH

(b) H₂C=CH-N(環: ピロリドン-2-オン)

解説 4.5 単量体中の C=C 結合が開いて，重合体では –C–C– になっている．このことを逆に考える．他の部分の二重結合や三重結合を考慮する必要はない．

参考 どちらの高分子もソフトコンタクトレンズの素材に用いられている．(a) はポリヒドロキシエチルメタクリレート (poly-HEMA)，(b) はポリビニルピロリドン (PVP) である．PVP は市販のうがい薬（赤褐色の液体，「ポビドンヨード」）にヨウ素とともに入っている．

4.3.5 単量体を混ぜてつないで新しい機能を生みだす——共重合

2種類以上の単量体を混ぜておこなう重合を，**共重合** (copolymerization) とよび，共重合によって生じる高分子を，**共重合体**や**コポリマー** (copolymer) とよぶ．これに対し同じ単位の繰返しでできている高分子を，**ホモポリマー** (homopolymer) とよぶ．共重合体はホモポリマー混合物の性質とは，大きく異なる性質を示すことがある．

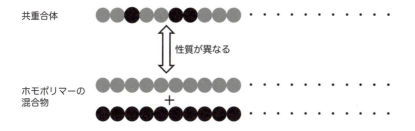

(a) サラン

塩化ビニルと塩化ビニリデンを共重合させて得られる共重合体を，サランとよぶ．

> **Column　こんなところにポリプロピレンが！**
>
> 　選挙の投票用紙に使われている素材は「紙」ではなく，ポリプロピレンをおもな材料とする「合成紙」である．この合成紙は折れにくく，折っても元に戻ろうとする性質があるので，投票箱から回収した投票用紙を開く作業が素早くできるようになる．鉛筆で記入するときには独特の感触が味わえる．次の民主主義選挙ではその権利を行使するとともに，人工紙への記入の感触を体験していただきたい．

塩化ビニル　　塩化ビニリデン

　サランをフィルム化したものが，食品用ラップとして用いられている．サラン製食品用ラップのガラス容器と密着する性質やフィルムどうしでも密着する性質は，異なる単量体が1本の分子のなかに共有結合で組み込まれることによってあらわれるものである．ポリ塩化ビニルとポリ塩化ビニリデンをそれぞれ合成しておいてから混合してフィルムにしても，こうした性質はあらわれない．

　このように構造を描くと，塩化ビニル単位が m 個続いた後に塩化ビニリデン単位が n 個続いているように見えるかもしれないが，そうなっているわけではない．この式は次の構造を意味している．共重合体の構造を表現するよい方法がないのだ．

※ −Hと−Clは不規則に組み込まれている．その比は，$m:n$ になっている

(b) アクリル繊維とモダクリル繊維

　アクリロニトリルと他の単量体を共重合した後に繊維としたもののうち，質量比で85％以上のアクリロニトリルを含むものをアクリル繊維とよび，羊毛に似た肌触りがある．アクリル繊維とアクリル樹脂とは，異なる化合物である[10]．

　また，35〜85％のアクリロニトリルを含むものを，モダクリル繊維とよぶ[11]．モダクリル繊維のうち，塩化ビニルや塩化ビニリデンをアクリロにトリルと共重合させたものは難燃性を示すため，カーテンやカーペット，作業服，キャンプ用品などに使われている．

*10　アクリル樹脂はポリメタクリル酸メチルである．

*11　かつてはアクリル系繊維とよんでいた．

塩化ビニル　　アクリロニトリル

⬡ 4.4　アルキン

4.4.1　アルキンの反応はアルケンの反応に似ている

　炭素−炭素間に三重結合をもつ化合物が**アルキン**（alkyne）である．アル

キンの代表例としてアセチレン HC≡CH をとりあげる．アルキンもアル
ケンと同様に付加反応を起こす．たとえば臭素 Br_2 を作用させると，次の
ように反応が進む．

$$H-C\equiv C-H + 2Br_2 \longrightarrow \underset{\underset{Br}{|}}{\overset{\overset{Br}{|}}{H-C}}-\underset{\underset{Br}{|}}{\overset{\overset{Br}{|}}{C}}-H$$

また，水素を作用させると，次のようにアルキン→アルケン→アルカン
の反応が進む．

$$H-C\equiv C-H \xrightarrow{H_2} H_2C=CH_2 \xrightarrow{H_2} H_3C-CH_3$$

4.5 共役二重結合

単結合と二重結合とが交互につながる結合を，**共役二重結合**
（conjugated double bond）とよぶ．1,3-ブタジエンは共役二重結合をもつ，
もっとも単純な化合物である．

1,3-ブタジエン

$$H_2C=CH-CH=CH_2$$

共役二重結合を構成する単結合も二重結合は，単結合と二重結合との中
間的な性質を示す．そのため，実際には次のようなあらわし方のほうが適
しているのかもしれないが，これは正式なあらわし方ではない．

ここで ---- であらわした結合は，単結合と二重結合の間の性質を示す，
1.5 重結合というような性質を示す．分子の端から端まで 1.5 重結合がつ
ながった状態となっており，この空間を電子は自由に移動することができ
る．

4.5.1 天然ゴム

ゴムノキから採れる天然ゴムは，次のような構造をもつ天然高分子化合
物である．炭素-炭素間の二重結合は，シス型の立体配置になっている．

天然ゴムの単量体に相当する物質がイソプレンである（前ページの1,3-ブタジエンのHが1か所CH_3-になった構造である）．さまざまな植物がイソプレンを大気中に放出している．共役二重結合をもつ化合物を付加重合して一直線につながるとき，二重結合の位置が移動する．

4.5.2 自然界を彩る共役二重結合

長く連なった共役二重結合をもつ化合物は色をもつ．たとえばニンジンのオレンジ色は，β-カロテン $C_{40}H_{56}$ による．トマトの赤色はリコペン $C_{40}H_{56}$ によるものである．一方，イチョウの黄色い葉の色はルテイン $C_{40}H_{56}O_2$ によるものである[*12]．

*12 これらの構造や分子式を暗記する必要はない．見比べて似ていることがわかればよい．

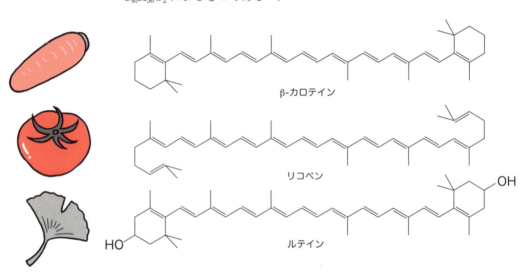

β-カロテイン

リコペン

ルテイン

Column 自然界にみられる構造パターンの「使い回し」

物や動物から単離されたさまざまな天然有機化合物中には，イソプレン構造が規則正しく並んだパターンが見つかる．たとえばβ-カロテイン内には，次のようにイソプレンが規則正しく組み込まれている．自然界にはさまざまな有機化合物が存在するが，そのあちらこちらに構造の「使い回し」がみつかる．イソプレン構造もそのひとつである．

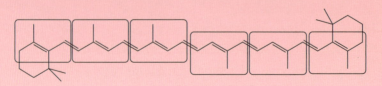

4.5.3 ポリアセチレン

アルキンも付加重合により高分子化合物になる．アセチレンを付加重合するとポリアセチレンが得られる．ポリアセチレンは電気を通す高分子化合物，**導電性高分子**(conductive polymer)の一種である．

ポリアセチレンは共役二重結合が連続した高分子である．有機化合物であるポリアセチレンが金属のように電気を通すのは，共役二重結合によって電子の通り道ができるからである*13．

*13 実際には，純粋なポリアセチレンは電気を通さない．別の物質（おもに臭素）を添加してやる必要がある．この操作をドーピングとよぶ．

ポリアセチレンは人類が合成に成功した最初の導電性高分子である．ポリアセチレンの開発がきっかけとなって，現在までにさまざまな導電性高分子が開発されてきた．スマートフォンやタブレット，銀行 ATM や医療機器のタッチパネルの主材料は導電性高分子である*14．

*14 優れた導電性高分子が開発されたので，現在では電子部品の材料としてポリアセチレンが選ばれることはほとんどなくなった．

✓ 4章のまとめ

- □ C=C 二重結合をもつ炭化水素をアルケン，C≡C 三重結合をもつ炭化水素をアルキンとよぶ．
- □ 反応物が合わさり，どの原子団も取り残されることなくひとつの新しい生成物ができる反応が，付加反応である．
- □ 化合物が原子の集まりを放出して，構成原子数の少ない化合物に変わる反応が，脱離反応である．
- □ 分子内あるいは分子間で水分子が取れて進む反応が，脱水反応である．
- □ アルケンに水を付加して，アルコールにすることができる．
- □ アルケンへの付加反応の生成物は，マルコフニコフ則で予測できる．
- □ アルコールの脱離反応の生成物は，ザイツェフ則で予測できる．
- □ 2種類以上の生成物が生じる場合，多く生じるものを主生成物，主生成物でないものを副生成物とよぶ．
- □ 単量体が重合してつくられる分子が重合体である．

4章 分子をくっつける・つなぐ・取り外す

- 連続的に付加反応が起こり，分子量の大きな化合物を生じる反応を，付加重合とよぶ．
- 高分子中における単量体の繰返し回数を，重合度とよぶ．
- 高分子の分子量を求める方法のひとつに，浸透圧の測定がある．
- ビニル基をもつ化合物から，付加重合によってさまざまな高分子が合成されている．
- 2種類以上の単量体を混ぜておこなう重合を共重合とよぶ．
- 共重合によって生じる高分子を共重合体，同じ単位の繰返しでできている高分子をホモポリマーとよぶ．
- 共重合体は，ホモポリマー混合物の性質とは，大きく異なる性質を示すことがある．
- 単結合と二重結合とが交互につながっている結合を，共役二重結合とよぶ．
- 二重結合の端から端までを電子は自由に移動することができる．

◉ 章 末 問 題 ◉

1. 次の付加反応における主生成物の構造を記せ．

   (a) $H_2C=CH_2 + Cl_2 \longrightarrow$

   (b) $H_3C-CH-CH-CH_3 + H_2 \longrightarrow$

   (c) $(H_3C)_2C=CH_2 + H_2O \longrightarrow$

   (d) $H_3C-CH=CH-CH_3 + H_2O \longrightarrow$

2. 次の化合物から水が脱離して生じる主生成物の構造式を記せ．シス−トランス異性体の生成については考慮しなくてよい．

   (a) $H_3C-\overset{OH}{\underset{}{CH}}-CH_2-CH_3$

   (b) $H_3C-CH_2-CH_2-CH_2-OH$

   (c) $H_3C-CH_2-\overset{OH}{\underset{}{CH}}-CH_2-CH_3$

3. 分子量2万のポリエチレン分子鎖は何個のエチレンが付加重合してできたものか．エチレンの分子量を28として計算せよ．有効数字2桁で答えよ．

4. 質量 w の高分子を含む体積 V の溶液が絶対温度 T において示す浸透圧が Π であったとき，その高分子のモル質量 M を，Π，w，V，T，および気体定数 R を用いてあらわせ．

5. ある高分子 1.5 g を溶媒に溶かして体積を 100 mL とし，温度 27℃（300 K）においてその浸透圧を測定したところ，320 Pa であった．この高分子の分子量はいくらか．有効数字2桁で答えよ．気体定数は $8.3\ \mathrm{Pa\ m^3\ mol^{-1}\ K^{-1}}$ とせよ．

chap 05 アルコールから ペットボトルまで
酸素を含む有機化合物

本章のねらい
1. 酸素を含む有機化合物を構造に従って分類し，それぞれの性質を説明できる．
2. 酸素を含む有機化合物が関係する反応を，例をあげて説明できる．
3. 酸素を含む有機化合物どうしの関連性を，例をあげて説明できる．

5.1 あれもこれも酸素を含む有機化合物

注射の前にはエタノール $C_2H_5\underline{O}H$ をしみこませた脱脂綿で肌の汚れをふき取ってもらう．食酢の主成分は酢酸 $CH_3\underline{C}OOH$ である．炒めものをするときに使う食用油も，飲み物が入っているペットボトルも，衣類に使われているポリエステル繊維も，すべて酸素を含む有機化合物である．私たちは実にさまざまな種類の酸素を含む有機化合物を利用している．

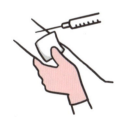

5.2 アルコール

ヒドロキシ基をもつ有機化合物

炭化水素基に**ヒドロキシ基** $-OH$（hydroxy group）が結合した構造をもつ化合物を**アルコール**（alcohol）とよぶ（表 5.1）．ただし，ベンゼン環にヒドロキシ基が直結している場合には，アルコールではなく**フェノール類**（phenols）に分類する[*1]．

● エタノール

$$H_3C-CH_2-OH$$

エタノールはエチルアルコールとよぶこともある．水と自由な割合で混じり合う無色の液体で，患部や手指，医療器具の殺菌や消毒に用いられる．

*1 フェノール類（phenols）のことをフェノール（phenol）とよぶこともあるが，フェノール（phenol）という化合物もあるので，本書ではフェノール類とよぶことにする．フェノールについては6章で学ぶ．

表5.1 アルコールとフェノールの違い

アルコール	フェノール
H₃C—OH　H₃C—CH₂—OH　H₃C—CH—OH (CH₃) （シクロヘキサン）—OH　ベンゼン環ではない （ベンゼン環）—CH₂—OH　直結していない	（ベンゼン環）—OH　H₃C—（ベンゼン環）—OH

アルコール飲料, すなわち酒類に含まれるアルコールはエタノールであり, 数千年前から果物や穀物に含まれるデンプンの発酵により製造されてきた. 一方, エチレンに水を付加する方法で製造されているエタノールもあり, おもに溶媒や燃料, 化学製品の原料として用いられる.

● メタノール

$$H_3C—OH$$

メタノールはメチルアルコールとよぶこともある. もっとも簡単な構造をもつアルコールである. 水と自由な割合で混じり合う無色の液体で, 溶媒や燃料, 化学製品の原料として用いられる. 毒性があり, 誤って飲むと失明し死に至る場合がある.

● 2-プロパノール

$$H_3C—CH—OH \; (CH_3)$$

2-プロパノールはイソプロピルアルコールやイソプロパノールとよぶこともある. 水と自由な割合で混じり合う無色の液体で, エタノールと同様に手指や医療器具の殺菌や消毒に用いられる. ただし患部の殺菌には使用しない.

5.2.1　水になじむかなじまないか──親水性と疎水性

ヒドロキシ基 −OH は水とよくなじむ性質をもっている. この性質を**親水性**（hydrophilic）であるという. これに対し炭化水素基は水とはなじみにくい性質をもっている. この性質を**疎水性**（hydrophobic）や親油性であるという[*2]. 比較的小さな R をもつアルコールは水と任意の割合で混じりあう. これは親水性の −OH が分子の水溶性を強めているからである. R が大きくなるにつれて親水性の −OH の性質よりも −R の示す疎水性の性質が強くなってくるので, アルコールは水に溶けにくくなる[*3].

[*2]　1章の表1.1にさまざまな官能基をあげた. −OH や −NH₂ など水素結合可能な水素原子をもつものや, −COOH や −SO₃H など水溶液中で電離するものは親水性の官能基である.

[*3]　炭素数の多いアルコールを**高級アルコール**（higher alcohol）, 少ないものを**低級アルコール**（lower alcohol）とよぶ. アルコール飲料としての価格ではない.

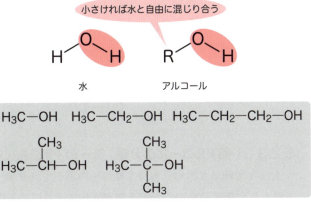

水と任意の割合で混じり合うアルコールの例

例題 5.1 次の2つの化合物（a），（b）のうち片方は水によく溶けるが，もう片方は水にほとんど溶けない．水によく溶けるのはどちらか．

解答 5.1 （b）

解説 5.1 大きな炭化水素基に1個だけの−OHがついた（a）よりも，それよりも小さな炭化水素基に4個の−OHがついた(b)のほうが水となじみやすく，水に溶けやすい．

5.2.2 ヒドロキシ基を2個以上もつアルコール

分子内に2個以上のヒドロキシ基−OHをもつアルコールもある．ヒドロキシ基−OHを1個もつものを **1価アルコール**（monohydric alcohol），2個もつものを **2価アルコール**（dihydric alcohol），3個もつものを **3価アルコール**（trihydric alcohol）とよぶ．この数に限界はない．

● エチレングリコール

$$HO-CH_2-CH_2-OH$$

エチレングリコールは2価アルコールである．1,2-エタンジオールとよぶこともある．水と自由な割合で混じり合う，無色で粘性のある不揮発性の液体である．自動車エンジンの冷却装置内の冷却水に不凍液として混ぜられている*4．食品の保冷剤やプラスチックや合成繊維の原料としても用いられている．

● グリセリン

グリセリンは3価アルコールで，グリセロールとよぶこともある．水と自由な割合で混じり合う，無色で粘性の高い液体で，吸湿性がある．医薬

*4 エチレングリコールが混ざると水の凝固点が下がり，冬期に冷却水が凍って自動車を故障させる事故が起こらなくなる．エチレングリコールは金属を侵さないので，この用途に適している．

品や化粧品に保存料や保湿剤や潤滑剤として加えられている．また甘みがあるため，甘味料として食品に加えられていることもある．

$$
\begin{array}{l}
CH_2-OH \\
CH-OH \\
CH_2-OH
\end{array}
$$

5.2.3　1価アルコールの分類：第一級・第二級・第三級アルコール

　もっとも簡単な構造をもつアルコールとしてメタノール CH_3OH を考え，3個ある水素原子 H のうちの1個が炭化水素基に置き換わったものを**第一級アルコール**（primary alcohol），2個が炭化水素基に置き換わったものを**第二級アルコール**（secondary alcohol），3個とも炭化水素基に置き換わったものを**第三級アルコール**（tertiary alcohol）とよぶ．R^1，R^2，R^3 は同じ場合も異なる場合もある．このように分類するのは，それぞれ化学的な性質が異なるからである．なお，メタノールは第一級アルコールに分類する．

メタノール　　第一級アルコール　　第二級アルコール　　第三級アルコール

Column　ワインを PET ボトルに入れない

　飲みものを買って別の容器に移したくなるかもしれないが，酒類をペットボトルに移し替えるのだけはおすすめしない．エステル交換反応が起こる恐れがあるからだ．

　ポリエチレンテレフタラート（PET）と酒類中のエタノールが反応すると，エステル交換反応によってエチレングリコールが生じる．このエチレングリコールが酒類のなかに溶け

だしてくる．エチレングリコールは人体に有害な物質なので，これを飲むことになる．買ってきた酒類を一時的に PET 製の容器に移す程度なら心配ないが，長期間の保管はやめておいたほうがよい．なお，ワインや焼酎でPET 容器入りのものが市販されているが，そのような場合は容器内部の表面にエステル交換を防ぐ処理が施されている．

$+$ エタノール　C_2H_5OH

エチレングリコール　　　　　　　　　　　　　　　　　　　　　エチレングリコール

> **例題 5.2** (a)~(e) は第一級アルコール,第二級アルコール,第三級アルコール,フェノールのどれか.
>
>
>
> **解答 5.2** (a) 第二級アルコール, (b) 第一級アルコール, (c) 第三級アルコール, (d) 第一級アルコール, (e) フェノール.

5.3 カルボニル基をもつ化合物

アルデヒドとケトン

 カルボニル基 (carbonyl group) に水素原子 H が 1 個結合した官能基を**ホルミル基** (formyl group) とよび,ホルミル基をもつ化合物を**アルデヒド** (aldehyde) とよぶ.また,カルボニル基に 2 個の炭化水素基が結合した化合物を**ケトン** (ketone) とよぶ.ケトンとアルデヒドをあわせて**カルボニル化合物** (carbonyl compound) とよぶ.

—C(=O)—	—C(=O)H	R—C(=O)—H	R¹—C(=O)—R²
カルボニル基	ホルミル基	アルデヒド*5	ケトン*6
—CO—	—CHO	RCHO	R¹COR²

*5 R は H の場合もある.

*6 R¹ と R² は同じ場合もある.

5.3.1 アルコールが酸化されてカルボニル基をもつ化合物が生じる

 アルコールで,ヒドロキシ基 –OH が直結している炭素原子 C と同じ炭素原子に水素原子 H が存在する場合,そのアルコールは水素を失うかたちの酸化を受ける.

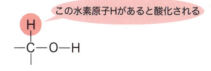

(a) 第一級アルコールの酸化反応でアルデヒドが生じる

 第一級アルコールが酸化されると,アルデヒドが生じる.これは水素を失うかたちの酸化である.たとえばエタノールを酸化するとアセトアルデ

5章　アルコールからペットボトルまで

水素Hを失うかたちの酸化

$$H_3C-CH_2-OH \xrightarrow{-2H} H_3C-\overset{\displaystyle O}{\overset{\|}{C}}-H$$

エタノール　　　　　　　　　アセトアルデヒド

水素Hを失うかたちの酸化

$$R-\overset{\displaystyle H}{\underset{\displaystyle H}{\overset{|}{\underset{|}{C}}}}-O-H \xrightarrow{-2H} R-C=O \atop \qquad H$$

第一級アルコール　　　　　　アルデヒド

ヒドが生じる.

　さらにアルデヒドが酸化されると，カルボン酸が生じる. これは酸素を得るかたちの酸化である. たとえばアセトアルデヒドが酸化されると酢酸になる. カルボン酸についてはこの後に学ぶ.

酸素Oを得るかたちの酸化

$$H_3C-\overset{\displaystyle O}{\overset{\|}{C}}-H \xrightarrow{+O} H_3C-\overset{\displaystyle O}{\overset{\|}{C}}-OH$$

アセトアルデヒド　　　　　　酢酸

$$R-\overset{\displaystyle O}{\overset{\|}{C}}-H \xrightarrow{+O} R-\overset{\displaystyle O}{\overset{\|}{C}}-OH$$

アルデヒド　　　　　　　　　カルボン酸

(b) 第二級アルコールの酸化反応でケトンが生じる

　第二級アルコールが酸化されると，ケトンが生じる. これは水素を失うかたちの酸化である. たとえば2-プロパノールを酸化するとアセトンが得られる.

水素Hを失うかたちの酸化

$$H_3C-\overset{\displaystyle OH}{\overset{|}{CH}}-CH_3 \xrightarrow{-2H} H_3C-\overset{\displaystyle O}{\overset{\|}{C}}-CH_3$$

2-プロパノール　　　　　　　アセトン

$$R^1-\overset{\displaystyle H}{\underset{\displaystyle R^2}{\overset{|}{\underset{|}{C}}}}-O-H \xrightarrow{-2H} R^1-C=O \atop \qquad R^2$$

第二級アルコール　　　　　　ケトン

(c) 第三級アルコールは酸化されにくい

　第三級アルコールは酸化されにくい. ヒドロキシ基−OHが直結してい

第三級アルコール

る炭素原子 C と同じ炭素原子に水素原子 H が存在しないからである．

5.3.2 飲酒の有機化学

　酒類を飲むと私たちの体内ではどのようなことが起こるのだろうか．エタノールは私たちの体内で酵素（アルコールデヒドロゲナーゼ）によって酸化され，アセトアルデヒドになる．アセトアルデヒドは人体に有害な物質であり，これが体内で一定量を超えると，動悸や吐き気，頭痛などを引き起こす．しかし，アセトアルデヒドは別の酵素（アセトアルデヒドデヒドロゲナーゼ）の働きで酸化されて酢酸になり，さらに代謝系で処理されて二酸化炭素 CO_2 と水 H_2O になり，身体から追いだされる．遺伝的に「酒に強い」体質の場合，アセトアルデヒドから酢酸への酸化反応が速やかに進むが，「酒に弱い」体質の場合にはこの反応がなかなか進まないので，アセトアルデヒドが原因で悪酔いする．

5.3.3 メタノール中毒の酸化反応

　誤ってメタノールを飲んで失明したり，命を落としたりする事故が毎年世界のどこかで起こっている．私たちの身体はエタノールに対してだけでなく，メタノールに対しても同じようなしくみで酸化反応を進める（かかわる酵素は異なる）．メタノールが酸化されるとホルムアルデヒドが生じ，これは速やかに酸化されてギ酸になる．このギ酸に毒があり，視神経を攻撃して失明させ，さらに死亡させることがある．国や地域によっては酒類の入手が困難であったり，高価であったりするため，代用品を探す人びとが現れる．メタノールは燃料や溶剤として広く用いられており，これとエタノールとを区別できていない者が，同じアルコールだからという勘違いで飲んで中毒を起こす事例がある．またメタノールが混入した密造酒を飲んで中毒を起こす場合もある．メタノールもホルムアルデヒドもギ酸も人体に有害な物質である．本書をここまで読んだ読者はエタノールとメタ

ノールが異なる物質であると理解しているだろう．今後の人生でわざわざメタノールを飲むことはないだろう．

● ホルムアルデヒド

ホルムアルデヒドは刺激臭があり，水と自由な割合で混じり合う無色の液体である．読者も透明な液体の入ったガラス瓶のなかに保存された臓器や生物の標本を見たことがあるかもしれない．瓶のなかに入れられている液体はホルマリンである．ホルマリンとは防腐剤としてホルムアルデヒドを含む水溶液である．ホルムアルデヒドは防腐剤や消毒剤，合成樹脂の材料などに用いられる[*7]．

*7　11章 11.2 参照．

● アセトアルデヒド

アセトアルデヒドには刺激臭があり，水と自由な割合で混じり合う無色の液体である．酒類を飲むと体内でエタノールが酸化されて生じる，悪酔いの原因物質である．日常生活や医療でアセトアルデヒドそのものを取り扱う場面はほとんどないが，さまざまな化合物がアセトアルデヒドから合成されているため，工業的に大量生産されている．

● アセトン

アセトンは水と自由な割合で混じり合う無色の液体である．さまざまな有機化合物を溶かすので，洗浄剤や塗料の溶剤，プラスチック用接着剤，マニキュア除光液などに用いられている．また透明樹脂の原料でもある[*8]．安価で沸点が低く乾きやすいので，有機化学実験に用いたガラス器具の洗浄に用いられる．

*8　ポリメタクリル酸メチル（PMMA）．11章で学ぶ．

5.4　カルボン酸

カルボキシ基（carboxy group）をもつ化合物を**カルボン酸**（carboxylic acid）とよぶ．カルボキシ基を1個もつものを1価カルボン酸，2個もつものを2価カルボン酸とよぶ．分子内のカルボン酸の数に限りはない．

5.4　カルボン酸

$$-\underset{\substack{\|\\O}}{C}-OH \qquad R-\underset{\substack{\|\\O}}{C}-OH$$

カルボキシ基　　　　　カルボン酸

$$-COOH \qquad R-COOH$$

● ギ酸

$$H-\underset{\substack{\|\\O}}{C}-OH$$

　ギ酸はもっとも簡単な構造をもつカルボン酸である．水と自由な割合で混じり合う無色の液体で刺激臭があり，肌を侵す．アリやハチの毒腺中に含まれ，蟻酸と書くこともある．家畜用飼料の防腐剤や殺菌剤に用いられている．ギ酸そのものを日常生活や医療で取り扱う場面はほとんどない．

● 酢酸

$$H_3C-\underset{\substack{\|\\O}}{C}-OH$$

　酢酸は食酢の主成分である．刺激臭があり水と自由な割合で混じり合う無色の液体である．食酢はおもに微生物がエタノールを酸化することで製造されている．融点は 17 ℃であり，純度の高いものは冬期に凍結するため氷酢酸とよばれる．接着剤や樹脂の原料でもある．

5.4.1　カルボン酸の水溶液は弱酸性である

　カルボン酸は水溶液中で次のように電離する．これによって H^+ が生じるため，カルボン酸の水溶液は弱酸性を示す．

$$R-\underset{\substack{\|\\O}}{C}-OH \rightleftharpoons R-\underset{\substack{\|\\O}}{C}-O^- + H^+$$

5.4.2　カルボン酸 2 分子から酸無水物ができる

　2 つの分子から水などの簡単な分子が取れて新しい分子ができることを**縮合**（condensation）という．水分子が取れる縮合は**脱水縮合**（dehydration condensation）とよぶ．2 分子のカルボン酸が縮合した構造をもつ化合物を**酸無水物**（acid anhydride）とよぶ．たとえば無水酢酸は 2 分子の酢酸が縮合した構造をもつ．酸無水物は水と反応してカルボン酸になる．また，アルコールやフェノールの –OH やアミン（7 章で学ぶ）の –NH$_2$ とも反応する．

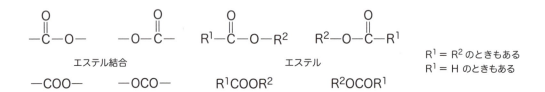

> **例題 5.3** 酸化によってアルデヒドを生じるものはどれか．また，酸化によってケトンを生じるものはどれか．あてはまるものをすべて選べ．
>
> (a) H₃C-CH(OH)-CH₃   (b) H₃C-CH₂-CH₂-OH   (c) H₃C-C(OH)(CH₃)-CH₂-CH₃
>
> (d) H₃C-CH₂-OH   (e) H₅C₂-O-C₂H₅   (f) H₃C-OH
>
> **解答 5.3** アルデヒドを生じるものは(b)と(d)と(f)，ケトンを生じるものは(a)

5.5 エステル

エステル結合（ester bond）をもつ化合物を**エステル**（ester）やカルボン酸エステルとよぶ．

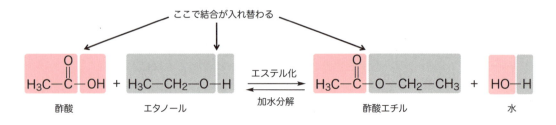

カルボン酸とアルコール（またはフェノール）が脱水縮合してエステルが生成する脱水縮合を**エステル化**（esterification）とよぶ．たとえば酢酸とエタノールを混合し触媒として少量の濃硫酸を加えて熱を与えると，次のエステル化が進んで酢酸エチルと水が生じる．

エステル化は逆方向にも進む．酢酸エチルに希硫酸を加えて加熱すると酢酸とエタノールが生じる．エステル化の逆向きの反応によってカルボン酸とアルコール（またはフェノール）が生じる反応をエステルの**加水分解**（hydrolysis）とよぶ．

エステル化もエステルの加水分解も最後まで完全には進行しない．逆向きの反応も進むからである．どちらの反応も開始からしばらく経つと平衡状態に達する[*9]．

*9　両方向の反応速度が等しくなり，見かけ上，反応が止まった状態を平衡状態（equilibrium state）とよぶ．

● 酢酸エチル

$$\text{H}_3\text{C}-\overset{\displaystyle\text{O}}{\underset{\displaystyle\|}{\text{C}}}-\text{O}-\text{CH}_2-\text{CH}_3$$

酢酸エチルは水に溶けにくく揮発性の無色の液体である．有機溶媒や塗料，接着剤，マニキュア除光液，香料などに用いられている．パイナップルに似た香りがある．

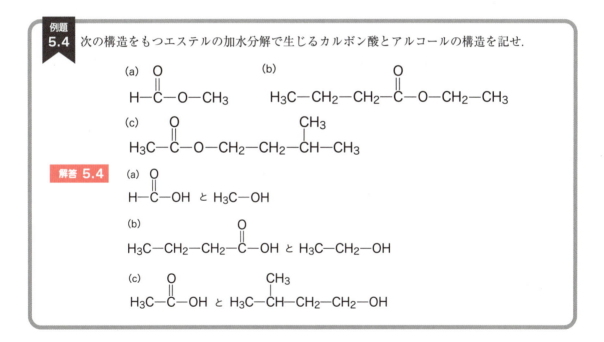

例題 5.4 次の構造をもつエステルの加水分解で生じるカルボン酸とアルコールの構造を記せ．

5.5.1　果実臭とエステル

読者にもお気に入りの果物があるかもしれない．果実にはそれぞれ特有の香りがある．その香りの成分のひとつがエステルである．多くのエステルには果実臭がある．エステルを組み立てているカルボン酸とアルコールの組合せが変わると，この香りも変わる．その一部を紹介しよう．これらのなかには香料として用いられているものもある[*10]．

*10　この内容を暗記する必要はない．

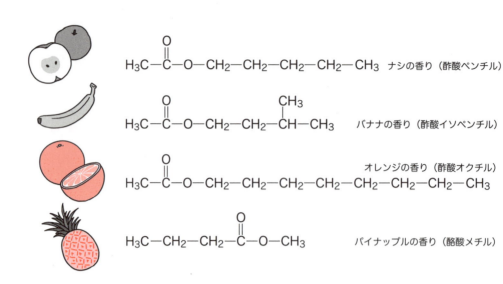

5.5.2 けん化

エステルに水酸化ナトリウム NaOH のような強塩基の水溶液を加えて加熱すると，カルボン酸の塩とアルコール（またはフェノール）が生じる．たとえば酢酸エチルに水酸化ナトリウム水溶液を加えて加熱すると，酢酸ナトリウムとエタノールが生じる．

$$H_3C-\underset{O}{\overset{O}{C}}-O-CH_2-CH_3 + NaOH \longrightarrow [H_3C-\underset{O}{\overset{O}{C}}-O]^- Na^+ + H_3C-CH_2-OH$$

酢酸エチル　　水酸化ナトリウム　　酢酸ナトリウム CH₃COONa　　エタノール

（ここでつなぎ替えが起こる）

*11 鹸化（けんか）と書くこともある．せっけん（石鹸）の鹸である．

このように，塩基を用いておこなうエステルの加水分解を **けん化** (saponification) とよぶ*11．

5.5.3 あぶら

動物の脂肪細胞や植物の種子などに含まれていて，広く「あぶら」とよばれている生物由来の物質が **油脂** (fats and oils) である*12．牛脂や豚脂のように常温で固体のものを **脂肪** (fat)，オリーブ油やごま油のように常温で液体のものを **脂肪油** (fatty oil) とよぶ．

*12 油脂ではない「あぶら」もある．

鎖式の1価カルボン酸を **脂肪酸** (fatty acid) とよぶ．油脂は分子鎖の長い脂肪酸*13とグリセリンのエステルである．

*13 油脂を構成する脂肪酸の炭素数は 16 と 18 のものが多い．この程度の長さをもつ脂肪酸を高級脂肪酸，それよりも短いものを低級脂肪酸とよぶことがある．

$$\begin{array}{c} R^1COOH \\ R^2COOH \\ R^3COOH \end{array} + \begin{array}{c} CH_2OH \\ CHOH \\ CH_2OH \end{array} \longrightarrow \begin{array}{c} R^1COO-CH_2 \\ R^2COO-CH \\ R^3COO-CH_2 \end{array} + 3H_2O$$

脂肪酸　　　　グリセリン　　　　　　油脂

R の炭素数は 15 と 17 のものが多い
R¹, R², R³ は同じ場合も異なる場合もある
R には二重結合を含むものと含まないものがある

5.5.4　ポリエステル

　エチレングリコールとテレフタル酸を縮合させると，両者が交互に脱水縮合した構造をもつポリエチレンテレフタラート（PET）が得られる．PET はペットボトルや卵のパック，ポリエステル繊維[14] の材料としてさまざまな目的に使われている高分子化合物である．医療では PET 製の縫合糸や人工血管が用いられている．

PET：polyethylene terephthalate

[14]　11 章 11.3.1 参照．

　多数のエステル結合でつながった化合物を**ポリエステル**（polyester）とよぶ．PET は代表的なポリエステルである．

5.5.5　エステル交換

　エステルとアルコールを混合しておき，酸または塩基を触媒として与えると，次の反応が進む．この反応を**エステル交換**（transesterification）とよぶ．エステル交換は可逆反応である．

（a）バイオディーゼル

　植物油とメタノールとのエステル交換により，脂肪酸メチルエステルが得られる．これを燃料として用いるものがバイオディーゼルである．バイオディーゼルとしては食品製造に用いた後に不要となった食用油を燃料として用いる取組みがある．廃油を原料に脂肪酸メチルエステルをつくり，これを軽油に混ぜて軽油エンジンの自動車に用いる取組みがおこなわれている．

74　5章　アルコールからペットボトルまで

(b) ペットボトルのリサイクル

　ペットボトルのリサイクルにもエステル交換が利用されている．PET
とメタノールでエステル交換をおこなうと，エチレングリコールとテレフ
タル酸メチルに分解される．分解された後のテレフタル酸メチルとエチレ
ングリコールからは，再びエステル交換反応によって PET をつくること
ができる．

$$\left(\!O\!-\!CH_2\!-\!CH_2\!-\!O\!-\!\overset{\displaystyle O}{\underset{\displaystyle }{C}}\!-\!\!\left\langle\!\!\bigcirc\!\!\right\rangle\!-\!\overset{\displaystyle O}{\underset{\displaystyle }{C}}\right)_n + 2n\,CH_3OH$$

ポリエチレンテレフタラート（PET）

$$n\,HO\!-\!CH_2\!-\!CH_2\!-\!OH \;+\; n\,H_3C\!-\!O\!-\!\overset{\displaystyle O}{\underset{\displaystyle }{C}}\!-\!\!\left\langle\!\!\bigcirc\!\!\right\rangle\!-\!\overset{\displaystyle O}{\underset{\displaystyle }{C}}\!-\!O\!-\!CH_3$$

エチレングリコール　　　　　　　　　　　テレフタル酸メチル

5.5.6　プロドラッグ

*15　よく知られているタミ
フルはオセルタミビルの商品
名である．

　インフルエンザ患者に処方されるオセルタミビル（タミフル）[*15] それ自
体はインフルエンザに対する薬剤としての活性をもたない．活性をもつの
はオセルタミビルが細胞内で代謝されて生じる化合物である．活性をもた
ないか，もっていても低いレベルに抑えられている薬品を**プロドラッグ**
（prodrug）とよぶ．プロドラッグが化学的に変化して薬剤としての活性を
もつようになった物質を**活性体**（active drug）という[*16]．

*16　構造式を暗記する必要
はない．

オセルタミビル（タミフル）　　　　　　　　　　　効く
効かない

(a) 細胞膜透過性をもたせる

　経口投与される薬品が細胞内に到達するためには，細胞膜を通過できる
ような構造をもっていなければならない．細胞膜は疎水性の分子を通しや
すいが，親水性分子は通しにくい．たとえばカルボン酸 −COOH は親水
性なので細胞膜を通過できない．そのためカルボン酸をエステル −COOR
にしておき，疎水性をもたせて細胞膜を通過させ，細胞内の代謝系でエス

テルを加水分解させる戦略がとられる．タミフルにもこの戦略がとられている．なおプロドラッグに用いられる方法は，エステル加水分解を利用するパターンだけではない[*17]．

*17 アミドの加水分解を利用する方法もある．7章 7.4.4 参照．

5.6 エーテル

エーテル結合（ether bond）をもつ化合物が**エーテル**（ether）である．水分子の2個の水素原子 H が2個とも炭化水素基に置き換わった構造と考えることができる．

水　　　　アルコール　　　　エーテル

● ジエチルエーテル

$$H_3C-CH_2-O-CH_2-CH_3$$

ジエチルエーテルは代表的なエーテルであり，単にエーテルとよぶこともある．揮発性をもつ無色の液体である．水には溶けにくいが，さまざまな有機化合物をよく溶かすので，有機化合物を抽出するときに溶媒として用いる場合がある．ジエチルエーテルは引火性が高いので，火気の近くでの取扱いは危険である．また空気中の酸素によって徐々に酸化され，爆発しやすい化合物に変わるので，長期間にわたって保存されていたジエチルエーテルを用いるときは注意が必要である．生物に対して麻酔作用があるので，かつては外科手術の吸入麻酔薬として用いられていた．現在も動物実験の麻酔剤に用いられている．

5.7 酸素を含む有機化合物と水素結合

5.7.1 自分自身で水素結合するもの

水素結合は電気陰性度の高い元素の原子（おもにフッ素，酸素，窒素）に直結した水素原子 H と，電気陰性度の高い元素の原子のあいだに形成される．アルコールにはヒドロキシ基 −OH があるため，アルコール分子どうしは水素結合をつくる．

アルコールどうし　　　　アルコールと水

液体や固体のカルボン酸は2分子間で水素結合をつくって存在する．これによってカルボン酸の融点や沸点は高くなる．酢酸（分子量60）と酢酸エチル（分子量88）の沸点および融点について考えてみる（表5.2）．酢酸よりも酢酸エチルのほうが大きな分子量をもつので，融点や沸点も酢酸エチルのほうが大きくなりそうだが，実際には大小関係が逆転している．これは酢酸が2分子で1組となり，みかけの分子量が120になるからである．

表5.2 酢酸と酢酸エチルの比較

	構造式	分子量	融点	沸点
酢酸	H₃C—C(=O)(O—H····O)C—CH₃ (with O····H—O)	60	17℃	118℃
酢酸エチル	H₃C—C(=O)(O—C₂H₅) C₂H₅—O—C(=O)—CH₃	88	−84℃	77℃

5.7.2 水とどのような割合でも混じり合うもの

炭化水素基の小さいアルコールやアルデヒド，ケトン，カルボン酸は水と自由な割合で混じりあう．また水溶液中では水と水素結合をつくる．アルデヒドとケトンは電気陰性度の高い元素の原子に直結した水素原子 H をもたないので，それ自身では水素結合をつくらないが，水溶液中では水

Column　麻酔のある時代に生まれてよかった！

ジエチルエーテルに麻酔作用もつとわかり，これが外科手術の全身麻酔剤に使われるようになったのは18世紀半ばのことだった．それ以前はどのようにして外科手術をおこなっていたのだろうか？　まず何人もの助手が患者を押さえつけ，身動きが取れなくなったところを，麻酔なしで外科医が執刀していた．恐怖と痛みから激しく絶叫し，失神する患者や苦痛のあまり命を落とす患者もいた．患者のすさまじい叫び声が街中に響きわたるため，執刀医も助手も耳栓を着用し，手術は壁の厚い建物のなかでおこなわれ，それでも漏れてくる叫び声をかき消すために建物の外では楽団が待機し，執刀開始と同時に大音量で演奏を始めたという．今の時代に生まれてきたのが果たして幸福だったのだろうか，と考える読者もいるかもしれない．少なくとも麻酔のある時代に生まれてきたことは幸運だったのではないだろうか．

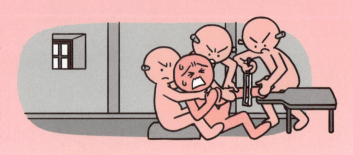

と水素結合をつくる.

| アルコールと水 | アルデヒドと水 | ケトンと水 | カルボン酸と水 |

5.8 ケト–エノール互変異性

アセチレンに水を付加すると,次のような反応が生じる.

$$HC\equiv CH + H_2O \longrightarrow H_2C=CH \longrightarrow H_2C-CH$$

アセチレン

ビニルアルコール
(エノール形)
0.00015 %

アセトアルデヒド
(ケト形)
ほとんどがこちら

反応がビニルアルコールで止まらないのは,ビニルアルコールとアセトアルデヒドとが平衡関係にあり,この平衡がアセトアルデヒド生成側に著しく偏っているためである.一般に,C=C 二重結合の C に –OH が結合した構造を**エノール形**(enol form),この –OH から H が C=C 二重結合のC に移動して生じるカルボニル化合物を**ケト形**(keto form)とよぶ.この両者は互いに構造異性体の関係にあり,これらが互いに変化しあう現象を**ケト–エノール互変異性**(keto-enol tautomerism)とよぶ.

エノール形 ⇌ ケト形

ケト–エノール互変異性の平衡の偏り具合は物質によって異なる.ケト側に偏っている物質もあれば,エノール側に偏っている物質もある.

5.8.1 転位反応

ビニルアルコールからアセトアルデヒドができる反応では,分子内で結合の入れ替えが生じている.ひとつの出発物質が結合と原子の再編成によって新しい異性体を生じる反応を**転位反応**(rearrangement reaction)とよぶ[18].

5.8.2 ポリビニルアルコール

ポリビニルアルコールは吸水性に富む高分子である.この性質を活かし

[18] 1章で有機化合物の反応は4パターンであると述べた.これで4パターンすべての例がそろった.

て医薬品や化粧品に添加されている．ポリビニルアルコールを合成する際にはビニルアルコールの付加重合ではなく，酢酸ビニルの付加重合によってポリ酢酸ビニルを得た後，加水分解処理によってポリビニルアルコールとする方法が用いられている．ビニルアルコールはケト–エノール互変異性によりアセトアルデヒドに変化し，ビニルアルコールとして取り扱えないからである．

$$H_2C=CH \xrightarrow{\text{付加重合}} \left(CH_2-CH\right)_n \xrightarrow{\text{加水分解}} \left(CH_2-CH\right)_n$$

酢酸ビニル　　　　　　　　ポリ酢酸ビニル　　　　　　ポリビニルアルコール
　　　　　　　　　　　　　　　（PVAc）　　　　　　　　　（PVA）

✔ 5章のまとめ

- 炭化水素基にヒドロキシ基が結合した構造をもつ化合物をアルコールとよび，ベンゼン環にヒドロキシ基が直結した構造をもつ化合物をフェノールとよぶ．
- 水とよくなじむ性質を親水性とよび，水とはなじみにくい性質を疎水性とよぶ．
- アルコールはヒドロキシ基の数に応じて1価アルコール，2価アルコール，3価アルコールなどに分類する．
- メタノールの炭素原子に結合した3個の水素原子のうち1個が炭化水素基に置き換わったものを第一級アルコール，2個が置き換わったものを第二級アルコール，3個が置き換わったものを第三級アルコールとよぶ．
- カルボニル基に水素原子が結合した官能基をホルミル基とよび，ホルミル基をもつ化合物をアルデヒドとよぶ．
- カルボニル基に炭化水素基が2個結合した化合物をケトンとよぶ．
- カルボキシ基をもつ化合物をカルボン酸とよぶ．
- 第一級アルコールが酸化されるとアルデヒドが，アルデヒドがさらに酸化されるとカルボン酸が生じる．
- 第二級アルコールが酸化されるとケトンが生じる．
- 2つの分子から水などの簡単な分子が取れて新しい分子ができることを縮合とよぶ．
- カルボン酸2分子の縮合で酸無水物が生じる．
- エステル結合をもつ化合物をエステルとよぶ．
- カルボン酸とアルコールまたはフェノールとの縮合でエステルが生じる反応をエステル化とよび，その逆反応をエステルの加水分解とよぶ．
- 塩基を用いておこなうエステルの加水分解をけん化とよぶ．
- 鎖式の1価のカルボン酸を脂肪酸とよぶ．
- 油脂は分子鎖の長い脂肪酸とグリセリンのエステルである．
- 多数のエステル結合でつながった分子をポリエステルとよぶ．

章末問題　**79**

- エステルのアルコール部分が別のアルコールと入れ替わる反応をエステル交換とよぶ.
- エーテル結合をもつ化合物をエーテルとよぶ.
- 炭化水素基の小さなアルコール，アルデヒド，ケトン，カルボン酸は水と自由な割合で混じり合い，水溶液中で水と水素結合を形成する.
- 一般に，C=C 二重結合の C に −OH が結合した構造をエノール形，この −OH から H が C=C 二重結合の C に移動して生じるカルボニル化合物をケト形とよぶ.
- ケト形とエノール形は互いに構造異性体の関係にあり，これらが互いに変化しあう現象をケト-エノール互変異性とよぶ.
- ひとつの出発物質が結合と原子の再編成によって新しい異性体を生じる反応を転位反応とよぶ.

◉ 章 末 問 題 ◉

1. その分子どうしで水素結合するものをすべて選べ.

(a) $H_3C-CH(OH)-CH_3$

(b) $H_3C-CO-CH_3$

(c) $H_3C-CO-H$

(d) $H_3C-CO-OH$

(e) H_3C-CH_2-OH

(f) $H_5C_2-O-C_2H_5$

2. 次の反応で生じる生成物の構造を記せ.

(a) $H_3C-CO-O-CH_2-CH_3$ の加水分解

(b) $H_3C-CO-H$ の酸化

(c) $H_3C-CH(OH)-CH_3$ の酸化

3. 次の化合物の組合せが脱水縮合して生じるエステルの構造を記せ.

(a) $H-CO-OH$ と H_3C-OH

(b) $H_3C-CH_2-CH_2-CO-OH$ と H_3C-CH_2-OH

(c) $H_3C-CO-OH$ と $H_3C-CH(CH_3)-CH_2-CH_2-OH$

4. 抗ウイルス薬として用いられるアシクロビルの血中半減期は 2.5 時間である. そのため，患者は 1 日 4 回から 5 回に分けて服用する必要がある（落ち着いて寝ていられない！）. これをプロドラッグにしたバラシクロビルでは，エステルの加水分解がゆっくり進みながら薬としての効き目を示す設計と

80　5章　アルコールからペットボトルまで

なっており，1日1回だけの服用ですむ．バラシクロビル分子内の加水分解を受ける箇所はどこか

アシクロビル

バラシクロビル

chap 06 正六角形のリング
ベンゼン環を含む有機化合物

本章のねらい

1. ベンゼン環がどのようなしくみになっているのかを説明できる．
2. ベンゼン環を含む有機化合物の例をあげて，その性質や用途を説明できる．
3. 置換基が導入されたベンゼン環に次の置換基を導入する際の制限について説明できる．

6.1　ベンゼン環を含む有機化合物

　ベンゼン環はさまざまな有機化合物に組み込まれて，私たちの身のまわりに存在している．たとえば，市販されている代表的な頭痛薬はいずれもベンゼン環を含む化合物である．

アセチルサリチル酸　　　アセトアミノフェン　　　イブプロフェン
（アスピリン）　　　　　（カロナール*1）

*1　よく知られているカロナールはアセトアミノフェンの商品名である．

　合成繊維や合成樹脂にもベンゼン環をもつ化合物が用いられている．たとえばポリエステル繊維やペットボトルの材料になるポリエチレンテレフタラートや梱包剤や使い捨てシャーレの材料になるポリスチレンは，ベンゼン環を含む化合物である．

ポリエチレンテレフタラート　　　ポリスチレン

　さらに私たちの身体にもベンゼン環を含む化合物が組み込まれている．タンパク質を構成する20種類のアミノ酸のうち，フェニルアラニン，チロシン，トリプトファンの3種類がベンゼン環を含んでいる．

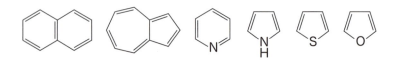

本章ではベンゼン環を含むさまざまな有機化合物について，とくに生命現象や医薬品と関連するものごとについて理解を深めていくことにしよう．

6.1.1 芳香族

ベンゼン環を含む炭化水素を**芳香族炭化水素**（aromatic hydrocarbon）とよぶことがある．芳香族という言葉の定義は難しく，たとえば次のような化合物も芳香族に分類することがある．

本書では「芳香族とは？」ということは考えず，ベンゼン環を含む有機化合物に限定して理解を深めていくことにする．

● ベンゼン

ベンゼンは水にほとんど溶けない無色の液体で，特有の臭いをもつ．ベンゼンはさまざまな化学製品を製造するための原料になっている．日常生活においても医療に関連する職業においても，ベンゼンそのものを取り扱う場面はないものと考えておいて構わない．

6.2 ベンゼン環のしくみ

ベンゼン環を含む化合物について理解を進めるためには，ベンゼン環がどのようなしくみなのかを理解しておく必要がある．この構造を一段階ずつ考えていくことにしよう．

ベンゼンの分子式は C_6H_6 であり，さまざまな実験事実から，ベンゼンの分子が正六角形構造をもつことがわかっている．この事実に合うように原子を組み合わせてベンゼン分子を組み立てていこう．まず炭素原子 C を考える．価電子が 4 個あるので，次のようにあらわす．

・Ċ・

これを 6 個組み合わせて環状構造を組み立ててみる．

それぞれの炭素原子 C に，水素原子 H· を組み合わせる．

共有結合に用いられている電子 2 個のペアを 1 本の線で置き換えると，次のようになる．

正六角形のなかに 6 個の電子が残った．これまでに学んできた化合物では電子 2 個が共有結合 1 本として働いていたが，ベンゼン環の場合はしくみが違っており，この 6 個の電子は 6 個の炭素原子 C によって等しく共有される．このことをあらわすために，ベンゼン環を次の (a) ように描くことがある．ここからは水素 H は省略する．

しかし，(a) の書き方をすると，分子を組み立てるために何個の電子がかかわっているのかがわからなくなる（分子の構造について考えるとき，電子の数は重要な情報である）．そこで分子内の原子それぞれがオクテット則を満たすよう，次の (b) や (c) のように書くことが一般的である．

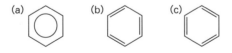

こうした事情があるので，(b) と (c) は同じことを意味しており，どちらでベンゼン環を描いても構わない．このことは次の化合物で考えるとわかりやすいだろう．ベンゼン環にメチル基 −CH₃ が 2 個結合した化合物を考える．ベンゼン環を (a) のようにあらわすと，次の (d) のようになる．

(d) をあらわすためには次の (e) と (f) のどちらを用いても構わない．どちらも同じことを意味しているからである．

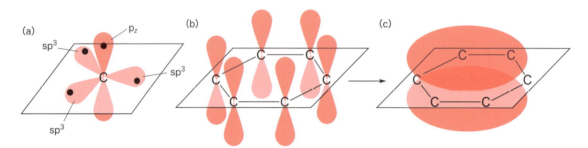

ベンゼン環の構造に違いが生じているが，(e) も (f) も同じ化合物である

本書では (b) や (c) の表記でベンゼン環を表すことにする．

6.2.1 混成軌道で考えるベンゼン環のしくみ*2

*2 この項目は飛ばしてもこの先を理解することができる．

ベンゼン C_6H_6 分子では 6 個の炭素原子 C が環状構造をつくっている．この 6 個の炭素原子 C はいずれも sp^2 混成軌道をつくっている原子である．エチレン $H_2C=CH_2$ の炭素原子の場合と同じように，平面に 120° 開いて広がった軌道である．そして 6 個の炭素原子 C はいずれも混成にかかわらなかった p_z 軌道をもっており，ここには価電子が 1 個ずつ収まっている（図 6.1）．この 6 個の価電子を 6 個の炭素原子が共有するかたちになっている．

図 6.1 ベンゼン分子の構造

(a) 6 個の炭素原子は sp^2 混成軌道と p_z 軌道をもつ．(b) 炭素原子どうしは sp^2 混成軌道で結合し，環構造をつくる．この環は平面になる．この平面に直交して 6 個の p_z 軌道が存在している．(c) 6 個の p_z 軌道は，互いに側面を重ね合わせ，電子を共有する．(b) p_z 軌道の 6 個の電子は，6 個の炭素原子 C によって共有される．これらの電子は原子が存在する平面の上下に分布する．

6.3 ベンゼン環の水素 H が別のものに置き換わる　　置換

世の中のほとんどの人びとはベンゼンそのものを見たり取り扱ったりすることはないが，ベンゼン環がもつ 6 個の水素原子 H のうちいくつかが別の原子や原子団に置き換わった化合物は，必ず見たり取り扱ったりしたことがある．まず，1 個だけ置き換わったものについて考えよう．ここでは詳しい反応条件や性質を考えないことにする．それよりもおもに医薬品として役に立っている分子が簡単な分子から組み立てられていると知ることが大切である．

(a) ハロゲン化

鉄粉の存在下でベンゼンと塩素 Cl_2 を反応させると，ベンゼンの水素原子 H が塩素原子 Cl で置換される．これを**塩素化**（chlorination）とよぶ．塩素化も含めて，ハロゲンによる置換反応を**ハロゲン化**（halogenation）とよぶ．

6.3 ベンゼン環の水素 H が別のものに置き換わる   85

ベンゼン →(Cl₂ / Fe)→ クロロベンゼン + HCl

*3 ジクロロジフェニルトリクロロエタン. 安価で大量生産できる殺虫剤だが, 環境に悪影響を与える可能性があり, 現在日本を含め多くの国では使用禁止となっている.

クロロベンゼンのおもな用途はさまざまな薬品や塗料, 樹脂を製造するための材料である. たとえばマラリア駆除に用いられてきた DDT[*3] の原料のひとつはクロロベンゼンである.

クロロベンゼン +(H—C(=O)—CCl₃)→ DDT

このように, それ自体は目的物質ではなく, 原料から目的物質を合成するために多段階にわたる合成経路の途中に現れる物質を**合成中間体**（synthetic intermediate）とよぶ.

クロロ化の反応はたとえば右のような抗アレルギー薬ロラタジンを含め, さまざまな医薬品の合成に応用されている.

ロラタジン

（b）ニトロ化

ベンゼンと硝酸 HNO_3 と硫酸 H_2SO_4 の混合物を反応させると, ベンゼンの水素原子 H がニトロ基 $-NO_2$ で置換される. これを**ニトロ化**（nitration）とよぶ[*4].

*4 ベンゼン環にニトロ基 $-NO_2$ が直結した構造をもつ化合物を芳香族ニトロ化合物とよぶことがある.

ベンゼン →(HNO_3 / H_2SO_4)→ ニトロベンゼン

ニトロベンゼンもほかの化合物を合成するための合成中間体としてよく使われている. とくにニトロベンゼンからアニリンの合成は重要な反応である. ニトロベンゼンを塩酸 HCl と鉄 Fe と反応させるとニトロ基が還元され, アニリンが得られる[*5].

*5 ベンゼン環にアミノ基 $-NH_2$ が直結した構造をもつ化合物を芳香族アミンとよぶことがある.

ニトロベンゼン →(HCl, Fe)→ アニリン

アニリンもまた染料や医薬品を合成するための合成中間体である. たとえば無水酢酸と反応させると, アセトアニリドが得られる. アセトアニリドは解熱鎮痛剤として長く使用されていた医薬品である[*6].

*6 副作用があるので現在は使用されていない.

6章　正六角形のリング

アニリン ＋ 無水酢酸 → アセトアニリド ＋ CH_3COOH

$H_3C-\overset{\overset{\displaystyle O}{\|}}{C}-$ アセチル基
CH_3CO-

　このようにアセチル基 CH_3CO- が導入される反応のことを，**アセチル化**（acetylation）とよぶ．

(c) スルホン化

　ベンゼンと濃硫酸を反応させると，ベンゼンの水素原子 H がスルホ基 $-SO_3H$ で置換される．これを，**スルホン化**（sulfonation）とよぶ

ベンゼン $\xrightarrow{H_2SO_4}$ ベンゼンスルホン酸

スルファニルアミド

　ベンゼン環をスルホン化する反応は，抗菌薬スルファニルアミドの合成の途中段階でも用いられている．

(d) アルキル化

　アルカンから水素原子が 1 個外れた原子団を**アルキル基**（alkyl group）とよび，アルキル基をほかの分子に結合させる反応を**アルキル化**（alkylation）とよぶ．さまざまなアルキル基をベンゼン環に導入することができる．たとえばベンゼンとエチレン $H_2C=CH_2$ とを反応させると，エチルベンゼンが得られる．

ベンゼン ＋ エチレン $\xrightarrow{付加}$ エチルベンゼン

　エチルベンゼンそのものが何かに直接利用されることはない．製造されるエチルベンゼンのほとんどは，スチレンを製造するための原料となる．スチレンは付加重合によってポリスチレンとなり，使い捨てシャーレや，発泡スチロール樹脂の材料となる[*7]．

*7 付加重合については 4 章で学んだ．

エチルベンゼン $\xrightarrow{-H_2}$ スチレン $\xrightarrow{付加重合}$ ポリスチレン

6.4 オルト，メタ，パラ

一方，ベンゼンとプロピレン $H_2C=CHCH_3$ とを反応させると，クメンが得られる．

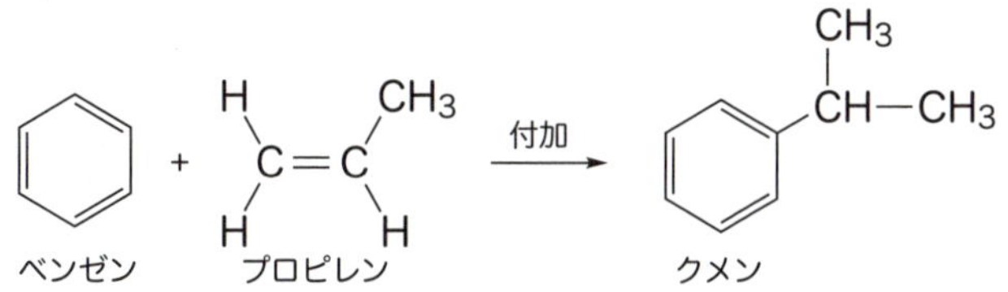

クメンは次の反応でフェノールおよびアセトンを合成するための合成中間体である．

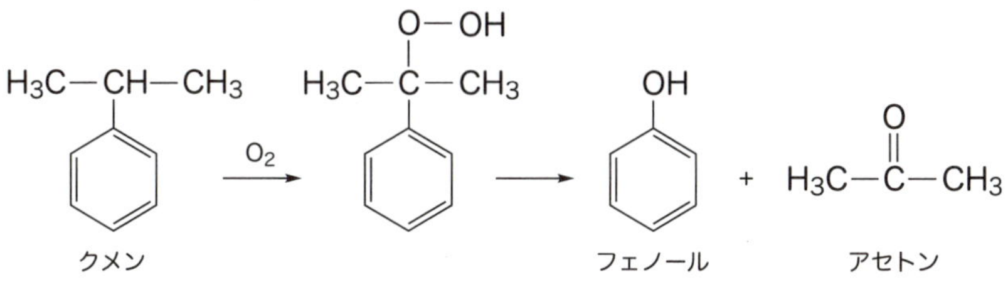

　フェノールは医薬品や樹脂を含むさまざまな化学製品の原料として重要な化合物である（この後に学ぶ）．アセトンも水と自由に混じり合う汎用的な溶媒として利用されている．クメンを経由してフェノールとアセトンを合成する方法を**クメン法**（cumene process）とよび，日本で製造されているフェノールはすべてこの方法で製造されている．

　以上，ベンゼン環に置換基が1個導入されたさまざまな化合物について学んだ．ベンゼン環に1段階で導入できるものもあれば，2段階以上の反応が必要なものもある．私たちが利用しているさまざまな化合物の多くが，多段階の反応を経て製造されている．

6.4　オルト，メタ，パラ　　　　　　　　ベンゼン置換体

　ベンゼン環の水素Hのうちの1個がメチル基 $-CH_3$ に置換された化合物が，トルエンである．

● トルエン

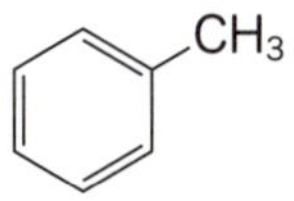

　トルエンは水にほとんど溶けない無色の液体であり，塗料や接着剤，ゴムなどさまざまな物質を溶解する溶媒として用いられる．さまざまな化学製品の原料でもある．特有の匂いを示し毒性がある．

　トルエンに2個目のメチル基 $-CH_3$ が導入された構造を考えてみる．次の3種類が考えられる．

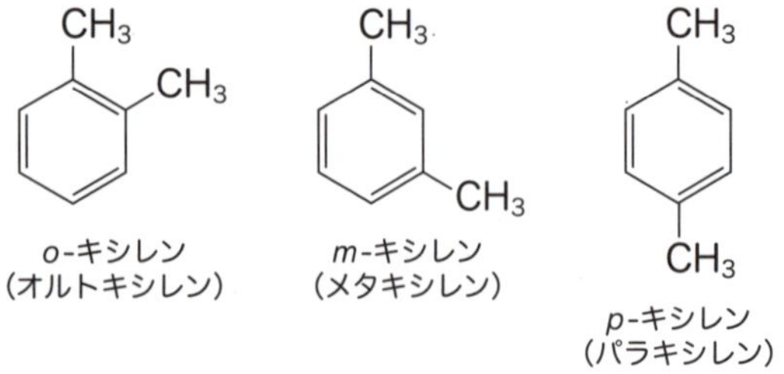

88　6章　正六角形のリング

o-キシレン
（オルトキシレン）

m-キシレン
（メタキシレン）

p-キシレン
（パラキシレン）

　このように，ベンゼン環に置換基を2個導入した場合，構造異性体が3種類考えられる．3種類の構造異性体をそれぞれ o-（オルト）異性体，m-（メタ）異性体，p-（パラ）異性体とよぶ（図6.2）.

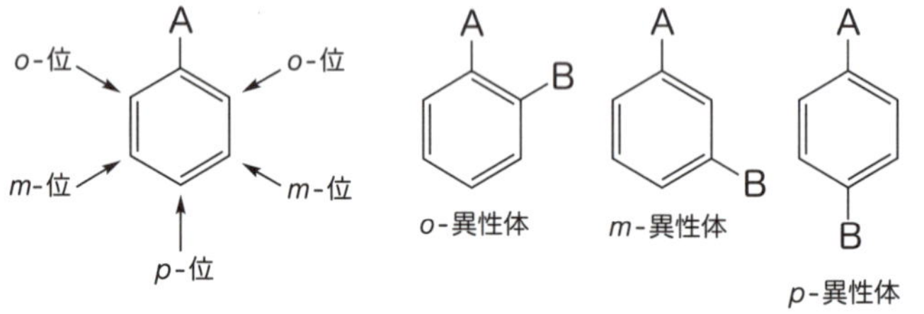

o-位　　o-位

m-位　　m-位

p-位

o-異性体　　　m-異性体　　　p-異性体

図6.2　オルト・メタ・パラ異性体
置換基 A からみて，残りの5か所を o-位，m-位，p-位とよぶ．o-異性体，m-異性体，p-異性体が考えられる．

6.4.1　置換基を2個導入するときには順番が大事である

　ベンゼン環に2個の置換基を導入する場合を考える．たとえば，トルエンをニトロ化して，ニトロ基$-NO_2$を導入する反応がある．この反応をおこなうと，主生成物として o-異性体と p-異性体の混合物が生じる．

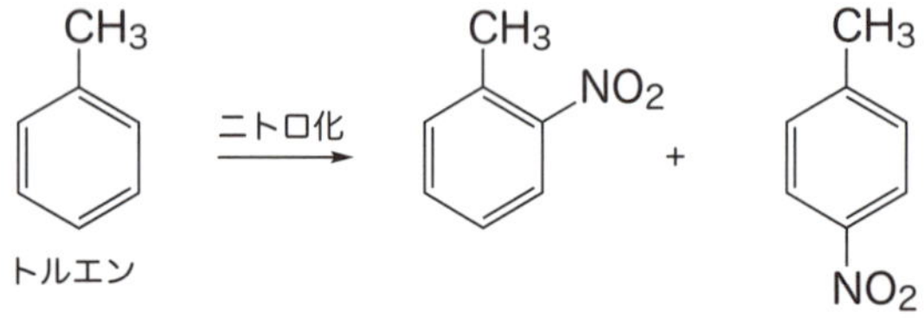

トルエン　　　ニトロ化　　　＋

　一方，ニトロベンゼンをさらにニトロ化して，2個目のニトロ基$-NO_2$を導入する反応を考える．この反応では主生成物として m-異性体が生じる．

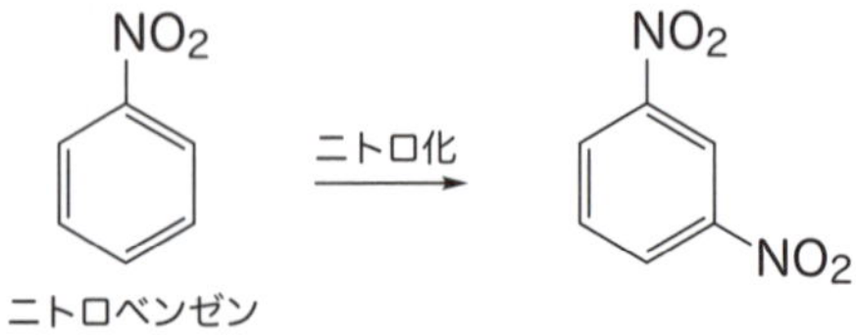

ニトロベンゼン　　　ニトロ化

*8　先輩が後輩の行動を決めるのである．

　このように，すでに導入されている1個目の置換基の種類が2個目の置換基の導入に及ぼす影響を**置換基効果**（substituent effect）という[*8].トルエンのメチル基$-CH_3$のように，2個目の置換基を o-位と p-位に導く置換基の性質を，**オルト・パラ配向性**（ortho-para orientation）とよぶ．一方，

ニトロベンゼンのニトロ基 –NO₂ のように，2個目の置換基を m-位に導く置換基の性質を，**メタ配向性**（meta orientation）とよぶ．おもな置換基の配向性を表6.1に示す．一般に置換基のベンゼン環に<u>直結した原子</u>が二重結合あるいは三重結合をもつ場合，その置換基はメタ配向性を示す．

表6.1 置換基の配向性

配向性	置換基の例
オルト・パラ配向性	–CH₃　–OH　–NH₂　–O–CH₃　–NH–CO–CH₃　–Cl　–Br
メタ配向性	–NO₂　–SO₃H　–CO–OH　–CO–CH₃　–CO–H

例題 6.1 ベンゼンを原料に次の化合物を合成する場合，先に導入しなければならないのは –NO₂ か –Br か，どちらでもかまわないか．表6.1を参考にして考えよ．

解答 6.1 先に –NO₂ を導入する．先に –Br を導入すると，–NO₂ はオルト位かパラ位に導入されてしまう．

6.5 ベンゼン環をもつ炭化水素の酸化

トルエンが酸化されると，ベンズアルデヒドを経由して安息香酸になる[*9]．

*9 ベンゼン環にカルボキシ基 –COOH が直結した化合物を芳香族カルボン酸とよぶことがある．

トルエン　→（酸化）→　ベンズアルデヒド　→（酸化）→　安息香酸

トルエンのメチル基 –CH₃ も含めて，ベンゼン環に結合した炭化水素基は酸化されるとカルボキシ基になる．

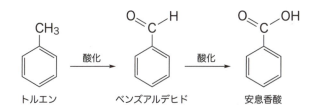

ただし，この酸化反応はベンゼン環に直結した炭素原子 C に水素 H が存在しないときには進行しない．たとえば次のような化合物の側鎖は，カルボキシ基 –COOH にならない．

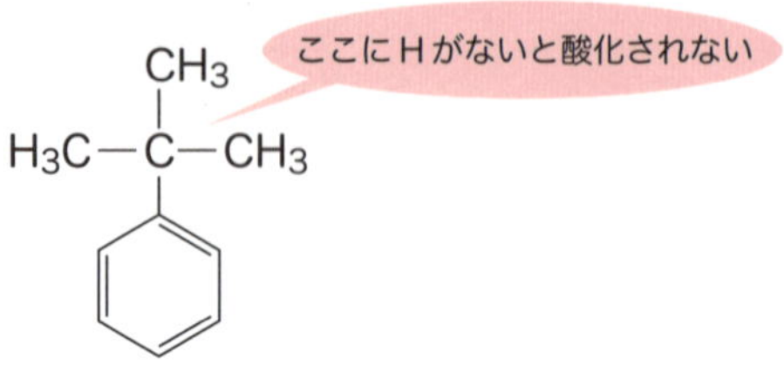

ここに H がないと酸化されない

ベンゼン環をもつカルボン酸もその水溶液は弱酸性を示す．また，アルコールとエステルを生成する．

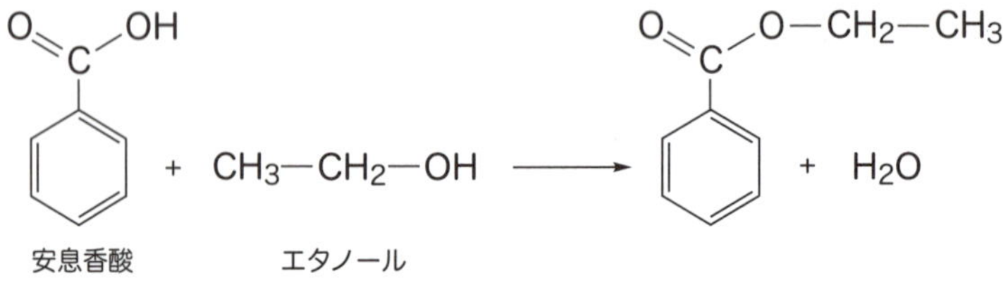

安息香酸　　　　エタノール

● 安息香酸

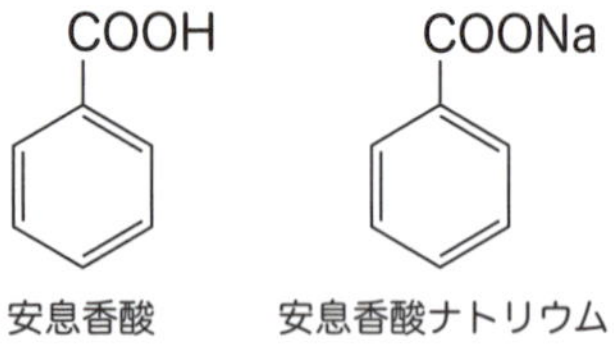

安息香酸　　　安息香酸ナトリウム

安息香酸および安息香酸ナトリウムは無色の結晶である．いずれも食品や医薬品の保存料や防腐剤として用いられる．

6.6　フェノールとその関連化合物

ベンゼン環にヒドロキシ基 –OH が直結した構造をもつ化合物を**フェノール類**（phenols）とよぶ．もっともかんたんな構造をもつフェノール類はフェノールである．

● フェノール

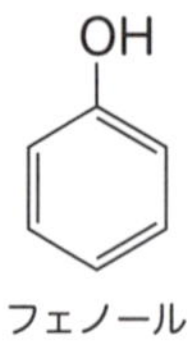

フェノール

フェノールはもっとも簡単なフェノール類である．特有のにおいをもつ無色の結晶である．水にわずかに溶け，水溶液は弱酸性を示す．医薬品や

6.6　フェノールとその関連化合物　　91

染料，合成樹脂などの原料である^{*10}．殺菌作用をもつが皮膚を激しく侵し，
有毒である．

*10　11 章 11.2 参照.

6.6.1　水溶液が酸性を示す

　アルコールのヒドロキシ基 –OH とは異なり，ベンゼン環に直結したヒ
ドロキシ基 –OH は，水溶液中ではわずかに電離する．そのため，フェノー
ル類の水溶液は弱い酸性を示す．その酸性はカルボン酸や炭酸よりも弱い
ものである．

6.6.2　医薬品として用いられるフェノールの誘導体

● サリチル酸

　紀元前からヤナギの樹皮を噛むと熱が下がることが知られていた．日本
でもヤナギの木でつくられたつまようじに歯痛を抑える効果があることが
知られていた．痛み止めとして働く成分は，ヤナギの樹皮に含まれるサリ
シンという化合物である．サリシンは代謝されるとサリチル酸になる．サ
リチル酸は鎮痛作用と抗炎症作用を併せもつ化合物である．

　サリチル酸はフェノールから合成することができる．次のような反応で，
ヒドロキシ基 –OH のオルト位にカルボキシ基 –COOH が導入される．

● 人類初の合成医薬品アスピリン

　サリチル酸は解熱鎮痛剤として使われるようになったが，胃潰瘍を起こ
す副作用があることがわかってきた．この原因となるのはヒドロキシ基
–OH である．そこで，ここをエステル化して副作用を抑えることになった．
サリチル酸を無水酢酸でアセチル化して得られるアセチルサリチル酸が開
発された．アセチルサリチル酸は人類初の合成医薬品で，アスピリンとも
よばれる．

● サリチル酸メチル

サリチル酸とメタノールからエステル化をおこなうと，サリチル酸メチルが得られる．

$$\text{サリチル酸} + CH_3OH \xrightarrow[H_2SO_4]{\text{エステル化}} \text{サリチル酸メチル} + H_2O$$

サリチル酸メチルは消炎鎮痛剤として用いられている．塗り薬や湿布薬として市販されている[*11]．

● クレゾール

空気を遮断して石炭を高温で加熱すると，黒色から暗茶色の油状物質が得られる．これを，コールタールとよぶ[*12]．コールタールにはベンゼンをはじめ，さまざまなベンゼン環を含む有機化合物が混ざっている．このなかには，クレゾールも含まれている．

クレゾールはとくに分離することなく混合物の状態で消毒液として用いられる．質量パーセント濃度 3 % 程度に薄めた水溶液が，医療機関で消毒薬として用いられてきた（クレゾールセッケン液）．

*11 サリチル酸メチルを含む植物があるので，この化合物は合成医薬品ではない．

*12 コールタールは世界で最初に確認された発がん性物質である．ウサギの耳にコールタールを塗ることによって皮膚がんが発生することが見いだされた．

o-クレゾール　　m-クレゾール　　p-クレゾール

6.7　複雑な医薬品も簡単な分子から合成される

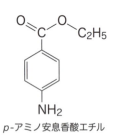

p-アミノ安息香酸エチル

この章で学んださまざまなものごとが，実際の医薬品合成に応用されている例として，局所麻酔剤 p-アミノ安息香酸エチルの合成経路を紹介することにする．この化合物は，痛み止めやかゆみ止めの塗り薬，乗り物酔いの飲み薬として使われている．

出発物質はトルエンである．トルエンは石油や石炭から得られる．トルエンに対して次の反応を組み合わせて目的物質の分子を組み立てていく．

メチル基の酸化：$-CH_3 \longrightarrow -COOH$

カルボキシ基 $-COOH$ のエステル化：$-COOH \longrightarrow -COOC_2H_5$

ニトロ化：$-H \longrightarrow -NO_2$

ニトロ基の還元：$-NO_2 \longrightarrow -NH_2$

置換基が2つあるので配向性も考える必要がある．そこで，次のような順番で分子を組み立てていくことになる．

まずトルエンをニトロ化する．

この反応をおこなうと，2種類の異性体の混合物が生じるが，これは沸点の違いを利用して分けることができる．分けた後にメチル基 $-CH_3$ を酸化する．

Column 人類にはどこまで複雑な化合物が合成できるのか

難病の治療薬として優れた性質をもつ化合物が天然から見つかることがある．しかし，治療に必要な量が天然には存在していないこともある．そこで化学合成によって同じ化合物を合成する必要が生じる．非常に複雑な構造をもつ化合物も多く，長い年月をかけて人工的に合成が達成されたものもある．その例としてはタキソールがあげられる．

タキソール

タキソールはタイヘイヨウイチイという植物の樹皮から発見された化合物であり，がんの化学療法に使われている医薬品である．と

ころがこの化合物はごくわずかしか樹皮に含まれておらず，治療に用いるために必要な量を得るために樹皮を集めていくと，タイヘイヨウイチイが絶滅してしまう恐れがある．そこでタキソールを化学的に合成する研究が世界中で始まった．有機化学の研究に用いられている汎用的な試薬を使って40段階に及ぶ反応を続けてタキソール合成にたどりついた研究は，10年以上にわたっておこなわれたものだった．人類には，このレベルの複雑な化合物を合成する技術がある．この事実は今後も医療が発展していくという確信をもたせてくれるのではないだろうか．

なお，現在はタイヘイヨウイチイと類縁の植物から得られる化合物を出発材料として化学反応を続けていき，タキソールを合成する方法がとられている．この方法で製造されたタキソールが乳がんや卵巣がん，その他のさまざまながんから人びとを救っている．

Column

メチル基 1 個の違いだが…

　トルエンから安息香酸への酸化反応は，私たちの身体のなかでも進む．かつて接着剤や塗料にはベンゼンが含まれていた．しかし，ベンゼンには発がん性があることがわかった．ベンゼンは炭化水素であり水にほとんど溶けないため，体内に入るとなかなか排泄されない．そこでベンゼンの代わりにトルエンが用いられるようになった．トルエンも人体に有害な物質であるが，ベンゼンよりは安全である．その理由は，トルエンのもつメチル基 $-CH_3$ にある．トルエンはカルボキシ基 $-COOH$ をもつ安息香酸に変わることによって水溶性を得て，代謝系によって身体の外に追い出されるのである．メチル基 1 個の違いだが，その違いは私たちの身体にとって重要な違いである．

　これに続いてニトロ基 $-NO_2$ を還元する．ニトロ基 $-NO_2$ を還元する条件と，カルボキシ基 $-COOH$ を還元する条件は異なっており，ここではカルボキシ基 $-COOH$ に影響を与えることなく $-NO_2$ を還元できる．

　ここでカルボキシ基 $-COOH$ をエタノールと反応させてエステル化する．

✓　6 章のまとめ

- ベンゼン環においては 6 個の価電子が 6 個の炭素原子に共有されている．
- ベンゼンの水素原子が置換されることによって，さまざまな化合物が合成されている．
- ベンゼンの置換反応には，ハロゲン化，ニトロ化，スルホン化，アルキル化などがある．
- 1 段階で導入できる置換基と，導入に 2 段階以上の反応が必要な置換基がある．
- ベンゼン環に 2 個の置換基を導入するときには，1 個目に導入されている置換基の種類によって，2 個目の置換基が導入される場所が決まる．
- 置換基の，ベンゼン環に<u>直結した</u>原子が二重結合あるいは三重結合をもつ場合，その置換

- 基はメタ配向性を示す．
- フェノール類の水溶液は弱酸性を示す．
- フェノールの誘導体がさまざまな医薬品に用いられている．
- かんたんな分子に多段階の有機化学反応を続けていくことによって，複雑な分子を合成することができる．

章末問題

1. サリチル酸を合成するにあたり，ベンゼンではなくトルエンを出発材料にすることは妥当か？ 次の制約条件に基づき，妥当か妥当でないかを考察せよ．

   制約1：カルボキシ基 –COOH はメタ配向性を示す．

   制約2：ベンゼン環に直接 –OH 基を導入してある化合物に酸化反応を施すと，望ましくない反応が起こって合成が進められなくなる．

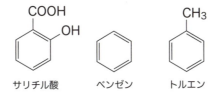

2. 次の化合物のうち，ベンゼンに対して1段階で導入可能な置換基をもつものはどれか．

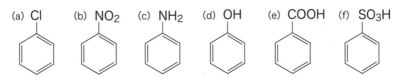

3. 次の化合物のうち，すでに導入されている置換基からみて，2個目の置換基がメタ位に優先的に導入されるものはどれか．

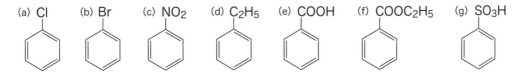

4. 次の化合物のなかから，消毒薬や鎮痛剤，食品の保存料として用いられているものをそれぞれ選べ．

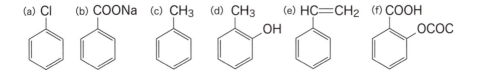

chap 07 医薬品から爆薬まで
窒素を含む有機化合物

本章のねらい

1. 窒素を含む有機化合物を，構造に従って分類できる．
2. アミン，アミド，ニトリル，ニトロ化合物の例をあげて，その性質や用途を説明できる．
3. アミドのかかわる反応について，エステルのかかわる反応と比較して例をあげて説明できる．

7.1 窒素を含む有機化合物

窒素を含む有機化合物は私たちの身のまわりに存在している．解熱鎮痛剤アセトアニリドや狭心症治療薬ニトログリセリンは窒素を含む有機化合物である[*1]．

アセトニトリド　　ニトログリセリン

*1 今は7章7.1に出てくる構造を暗記する必要はない．また，この章でもさまざまな化合物の名称と構造が出てくるが，暗記する必要はない．本文に書かれている内容を確かめる参考にしていただきたい．

窒素を含む化合物は，合成繊維としても広く用いられている．スポーツウェアやストッキングには，6,6-ナイロンが用いられている．アクリル繊維の主成分はポリアクリロニトリルである[*2]．

6,6-ナイロン

ポリアクリロニトリル（PAN）

*2 正確には，アクリロニトリルと他の単量体との共重合体である．4章4.3.5 (b)参照．

私たちの身体を構成する材料としても，窒素を含む化合物が存在している．タンパク質は20種類のアミノ酸が脱水縮合でつながった高分子化合物である．20種類のアミノ酸はいずれもアミノ基 $-NH_2$ をもち，さらに，それとは別の部位に窒素を含むものもある[*3]．

*3 アミノ酸やタンパク質については9章で学ぶ．

アルギニン / アスパラギン / ヒスチジン / リシン / グルタミン / トリプトファン

遺伝情報の保存と複製にも窒素を含む化合物がかかわっている．核酸塩基とよばれる次のような化合物は DNA や RNA の構成要素となっている．

アデニン / グアニン / シトシン / チミン / ウラシル

本章では窒素を含むさまざまな有機化合物について，とくに生命現象や医療と関連するものについて理解を深めていこう．

7.2 窒素を含む有機化合物の分類

窒素を含む有機化合物は構造でいくつかのグループに分類することができる．本書ではアミン，アミド，ニトリル，ニトロ化合物の4パターンについて理解を深めよう（他にもパターンがあるが省略する）．それぞれの一般的な構造を次に示す．ここで R は任意の炭化水素基，あるいは H をあらわしている．R^1, R^2, R^3 は同じ場合もあるし，異なる場合もある．

例題 7.1 次の化合物をアミン，アミド，ニトリル，ニトロ化合物に分類せよ．

(a) $H_3C-CH-NO_2$ (b) $H_5C_2-N(C_2H_5)-C_2H_5$ (c) $C_6H_5-C \equiv N$ (d) $H_3C-CO-NH_2$

解答 7.1 (a) ニトロ化合物，(b) アミン，(c) ニトリル，(d) アミド

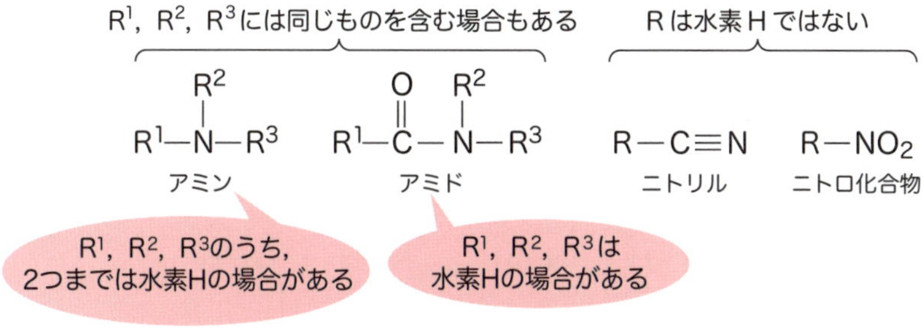

R¹, R², R³には同じものを含む場合もある　　　　Rは水素Hではない

$$R^1-\overset{\overset{\displaystyle R^2}{|}}{N}-R^3 \qquad R^1-\overset{\overset{\displaystyle O}{\|}}{C}-\overset{\overset{\displaystyle R^2}{|}}{N}-R^3 \qquad R-C\equiv N \qquad R-NO_2$$

アミン　　　　　　　　　　　アミド　　　　　　　　　ニトリル　　　ニトロ化合物

R¹, R², R³のうち,
2つまでは水素Hの場合がある

R¹, R², R³は
水素Hの場合がある

図 7.1　窒素を含む化合物の分類

アミンの場合には，R¹，R²，R³ のうち 2 個までが H になりうる．3 個とも H になった化合物はアンモニア NH_3 である．ニトロ化合物の場合には R が H だと亜硝酸となり，有機化合物ではなくなる．$R-O-NO_2$ の場合には硝酸エステルとして分けて考える場合もある．ニトリルの場合には R が H だとシアン化水素 HCN になり，これはニトリルとはよばない．

7.3　アミン

7.3.1　アミンの分類

アミンはアンモニア NH_3 をもとにして，3 個の水素原子 $-H$ のうち 1 個が炭化水素基に置換されたものを**第一級アミン**（primary amine），2 個置換されたものを**第二級アミン**（secondary amine），3 個置換されたものを**第三級アミン**（tertiary amine）に分類する．R¹, R², R³ は同じ場合もあるし，異なる場合もある．

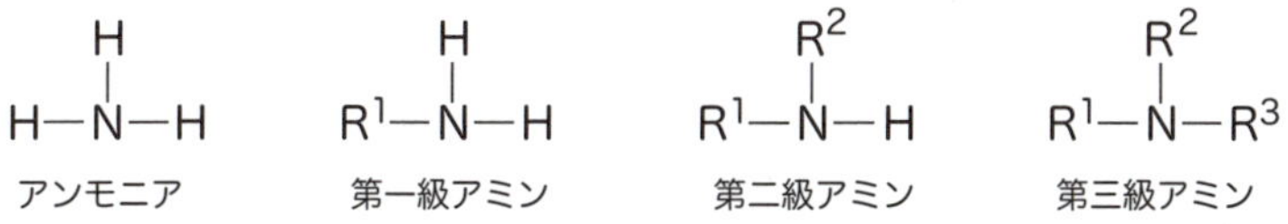

$$H-\overset{\overset{\displaystyle H}{|}}{N}-H \qquad R^1-\overset{\overset{\displaystyle H}{|}}{N}-H \qquad R^1-\overset{\overset{\displaystyle R^2}{|}}{N}-H \qquad R^1-\overset{\overset{\displaystyle R^2}{|}}{N}-R^3$$

アンモニア　　　　　第一級アミン　　　　第二級アミン　　　　第三級アミン

7.3.2　アミンは塩基

アミンの水溶液は塩基性を示す．これは次のように OH^- が生じるからである．このしくみはアンモニアの場合と同じである．アミンの塩基としての強さは，R の種類と数によって異なる．

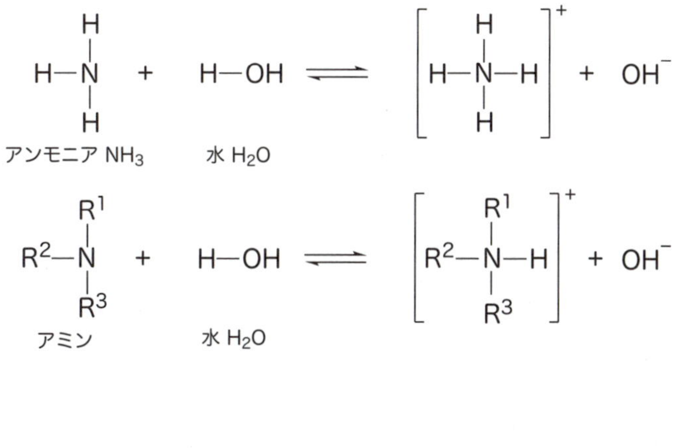

$$H-\overset{\overset{\displaystyle H}{|}}{\underset{\underset{\displaystyle H}{|}}{N}} \;+\; H-OH \;\rightleftharpoons\; \left[H-\overset{\overset{\displaystyle H}{|}}{\underset{\underset{\displaystyle H}{|}}{N}}-H\right]^+ \;+\; OH^-$$

アンモニア NH_3　　　水 H_2O

$$R^2-\overset{\overset{\displaystyle R^1}{|}}{\underset{\underset{\displaystyle R^3}{|}}{N}} \;+\; H-OH \;\rightleftharpoons\; \left[R^2-\overset{\overset{\displaystyle R^1}{|}}{\underset{\underset{\displaystyle R^3}{|}}{N}}-H\right]^+ \;+\; OH^-$$

アミン　　　　　　　水 H_2O

7.3.3 アミンの水素結合能

アミンはアミンどうしでも，また水分子や他の極性分子との間でも水素結合を形成する．

この水素結合は生体高分子の精密立体構造を保持したり，酵素反応を穏やかな条件で確実に進行させたりする際に重要な要素となっている．たとえば DNA の二重らせん構造は，水素結合をする塩基対が積み重なることによって成り立っている（10 章で学ぶ）．

7.3.4 アミンと酸との反応

アンモニア NH_3 と塩化水素 HCl は次のように反応し，塩化アンモニウム NH_4Cl が生じる．NH_4Cl は NH_4^+ と Cl^- からなる塩である[*4].

*4 正電荷が［ ］の内側に記されている場合と外側に記されている場合があるが，厳密な使い分けをしているわけではない．イオン全体で正電荷を帯びていることを示すときは［ ］の外側につけるほうがわかりやすいが，イオンのどの部位に H^+ がついているのかを説明するためには，［ ］のなかに記すほうがわかりやすい．記し方の問題であって，物質そのものの説明としては同じことを意味している．

これと同じように，アミンは酸と反応して塩を形成する．

この性質は水に溶けにくい薬品を水溶性にするために利用されている．薬品のなかには難溶性のアミンがある．身体に吸収させるためには水溶性である必要がある．そこでアミンを塩酸や硫酸を加えて塩のかたちにし，水溶性をもたせる場合がある．たとえば麻酔剤のリドカインは水に難溶だが，塩酸塩の形にすれば水溶性をもたせることができる．

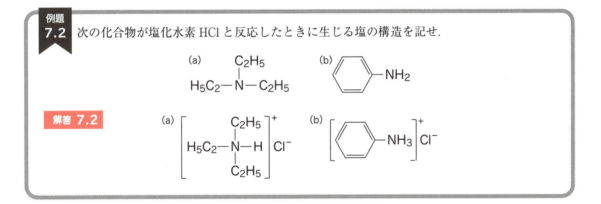

市販薬の成分表をみると，○○塩酸や○○硫酸という名称の成分がみつかるかもしれない．多くの場合，これは水溶性をもたせるために塩にしているからである．

> **例題 7.2** 次の化合物が塩化水素 HCl と反応したときに生じる塩の構造を記せ．
>
> (a) $H_5C_2-N(C_2H_5)-C_2H_5$ (b) フェニル-NH$_2$
>
> **解答 7.2** (a) $[H_5C_2-N^+H(C_2H_5)-C_2H_5]\,Cl^-$ (b) $[\text{フェニル}-NH_3]^+\,Cl^-$

7.3.5 第四級アンモニウム塩

アルカンの水素原子の1個がハロゲンに置換された化合物を**ハロゲン化アルキル**（alkyl halide）とよぶ．第三級アミンとハロゲン化アルキルが反応すると，4つの原子団が窒素原子に結合した**第四級アンモニウム塩**（quaternary ammonium salt）となる．たとえばトリメチルアミン $(CH_3)_3N$ とヨウ化メチル CH_3I を反応させると，次のような反応が進行する．

$$H_3C-N(CH_3)_2 + H_3C-I \longrightarrow [H_3C-N^+(CH_3)_3]\,I^-$$

テトラメチルアンモニウム（第四級アンモニウム）
ヨウ化テトラメチルアンモニウム（第四級アンモニウム塩）

このタイプの構造をもつ化合物は私たちの体内にも多数存在する．たとえば，神経伝達にかかわる化合物アセチルコリンは次のような構造をしている．

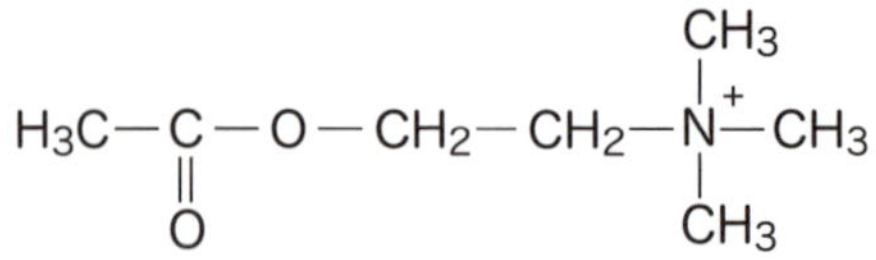

細胞膜構成成分のリン脂質も，第四級アンモニウム塩の構造をもつ（8章で学ぶ）.

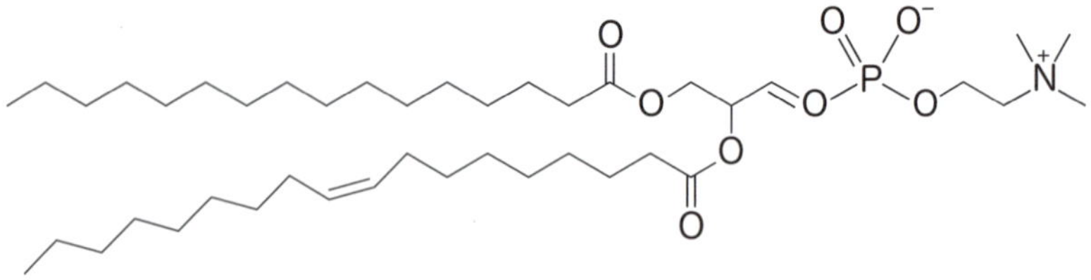

7.3.6　複素環アミン

環状構造のなかに窒素を含むかたちのアミンを**複素環アミン**（heterocyclic amine）とよぶ．複素環アミンの基本骨格には，次のようなものがある.

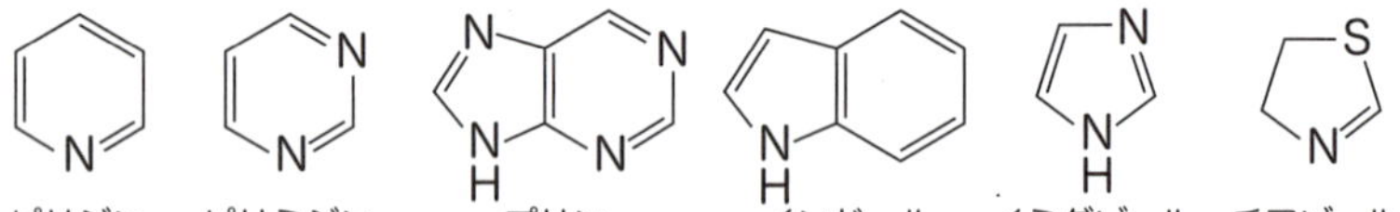

ピリジン　　ピリミジン　　プリン　　インドール　　イミダゾール　チアゾール

私たちの身体は，さまざまな複素環アミンを必要としている．たとえば，いろいろなビタミンが複素環アミンである（図7.2）.

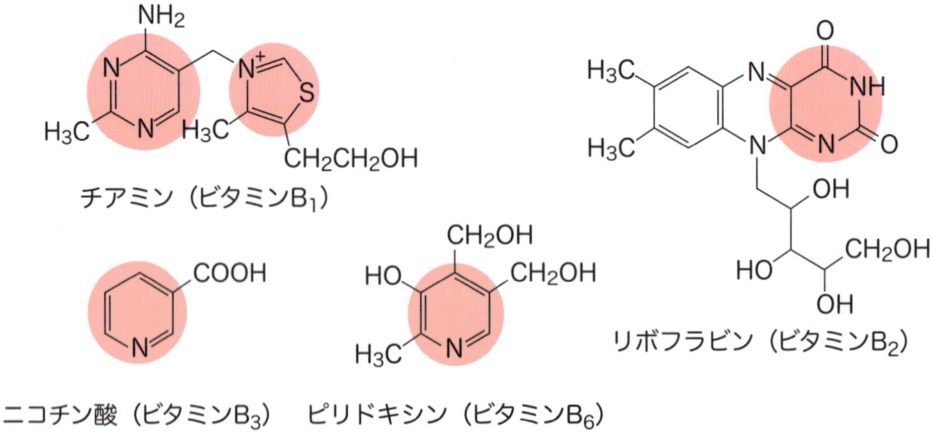

チアミン（ビタミンB_1）

リボフラビン（ビタミンB_2）

ニコチン酸（ビタミンB_3）　　ピリドキシン（ビタミンB_6）

図7.2　ビタミンに含まれる複素環アミン

また，私たちの身体を構成する分子にも複素環アミンが含まれている．タンパク質を構成する20種類のアミノ酸のなかにも，複素環アミンを含むものがある（図7.3）.

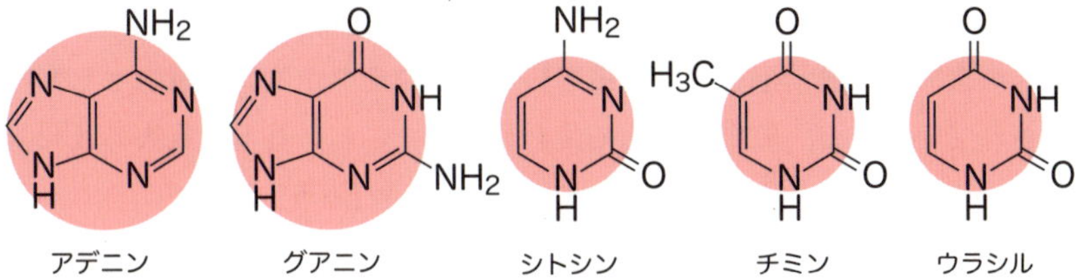

図 7.3　アミノ酸に含まれる複素環アミン

さらに DNA や RNA の構成要素としても複素環アミンが存在している（図 7.4）.

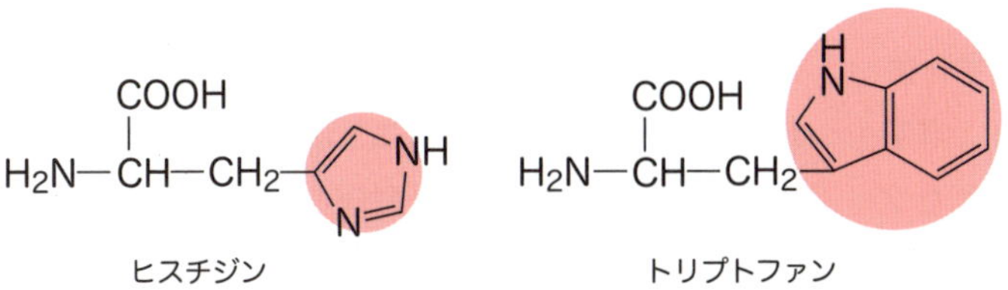

図 7.4　DNA や RNA に含まれる複素環アミン

(a) 神経系に作用する複素環アミン

複素環アミンのなかには，私たちの神経に影響を与えるものもある．たとえばコーヒーに含まれるカフェインはプリン環をもつ化合物である．カフェインは覚醒作用や解熱鎮痛作用，強心作用，利尿作用などを示す．

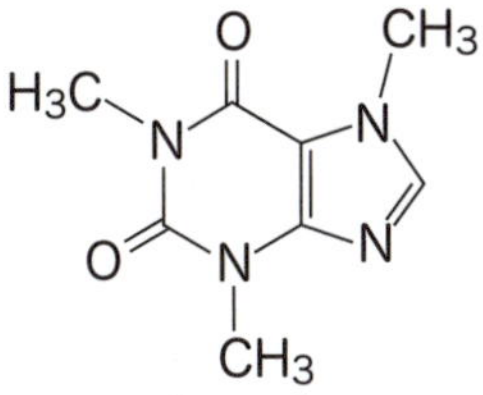

カフェイン

ヒスタミンはイミダゾール環をもつ化合物であり，私たちの体内で合成され，神経伝達に関係するさまざまな役割を担っている．花粉症のシーズンになるとアレルギー症状に悩まされる人びとがいる．花粉に対して免疫系が応答すると，体内のヒスタミン濃度が上昇する．ヒスタミンが神経や血管などに作用すると，くしゃみや鼻水などのアレルギー症状が引き起こされる．アレルギー薬のなかには，ヒスタミンの働きを抑えるものもある．

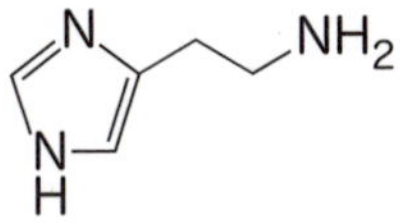

ヒスタミン

タバコに含まれるニコチンはピリジン環を含む化合物である．ニコチンは私たちの中枢神経系に作用し，血圧上昇や嘔吐，下痢，衰弱などを招く．しかし，同時に心地よさを与えるため，タバコが止められなくなることが

ある．実際，タバコに含まれるニコチンには強い習慣性があり，さまざまな医療機関が禁煙治療をおこなっている．ニコチンが法律で毒物として指定されていること，殺虫剤として使われていたこと，日本人成人の致死量が 60 mg であることは知っておいたほうがよいだろう．

ニコチン

(b) プリン体

プリン環をもつ化合物をプリン体とよぶことがある．私たちが食物から採りいれたプリン体は尿酸に姿を変える．余分な尿酸は尿として体外に排泄されるが，尿酸は水に非常に溶けにくいため，血中濃度が一定レベルを超えると関節やその周辺で針状結晶になる．これが鋭い痛みを伴う炎症を引き起こす病気が痛風である．プリン体はレバーや魚卵，海老などに多く含まれ，こうした食物を好んで食べている食生活を送っていると，痛風を

Column カフェインの魅力

コーヒーはコーヒーノキ（コーヒーの木）という植物の実からつくられる．コーヒーに含まれるカフェインもコーヒーノキによって合成されたものである．なぜコーヒーノキはカフェインを合成するのだろうか．

カフェインは私たちの中枢神経に作用して眠気を抑えたり興奮させたりするが，他の生き物に対しては別のかたちで作用する．コーヒーノキが枯れて葉が地面に落ちると，その周辺にカフェインが広がる．カフェインには別の植物の発芽を邪魔する効果があるので，コーヒーノキの生存競争が有利になる（カフェインをつくっているコーヒーノキ自身は，カフェインから自分自身を守るしくみを備えている）．またコーヒーノキにとって害虫となる昆虫や微生物，ナメクジなどにとってカフェインは毒となる．つまりカフェインは敵から身を守る手段でもあるのだ．一方で花粉を運んでくれるミツバチはカフェインが含まれた蜜を吸って活発に行動するようになり，これによって受粉が進むという説もある．

カフェイン分子には 4 個の窒素原子が組み込まれている．植物が生きていくために必要な窒素は土壌中の窒素化合物から得たものである（植物は私たちのように食事で栄養を得ることができない）．窒素は植物にとってとても貴重な元素だが，それを使ってまでカフェインをわざわざ合成するのには，それなりの理由があるのだ．

発症する可能性が高くなる．そのため現在と比べて食生活が質素だった時代には，痛風は贅沢な食事をする人たちの病気だという印象をもつ人びともいた．実際には遺伝的な要因と生活習慣も大きく関係することがわかっている．痛風を発症する前には，血液中の尿酸値が高くなる（高尿酸血症）．健康診断の血液検査で尿酸値が高いことを指摘された場合には，医師の指示に従って尿酸値を上げないための取組みを始める必要がある．

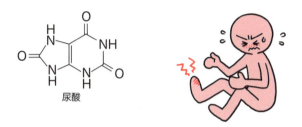

7.4 アミド

アミド結合(amide bond)をもつ化合物を**アミド**(amide)とよぶ．

私たちの体内にはアミド結合をもつ化合物が大量に存在している．たとえばタンパク質はアミド結合が数十回から数千回繰り返された構造をもつ化合物である．

さまざまな医薬品もアミド結合をもっている．

7.4.1 アミドの加水分解

生命現象に関連するさまざまな化合物がアミド結合をもつので，生命科学や医療においてアミドの加水分解反応は重要である．アミドを加水分解すると，カルボン酸とアミンまたはアンモニアが生じる．この反応はエス

テルの加水分解と似ているので，復習も兼ねて両者を比べながら理解していこう．エステルおよびアミドを加水分解すると，次のように反応が進む．エステルの場合もアミドの場合もC=Oの根元（OまたはNがある側）が切断されて，−OHが代わりに結合する．

$$R^1-\underset{エステル}{C(=O)-O-R^2} + H-OH \xrightarrow{加水分解} R^1-\underset{カルボン酸}{C(=O)-OH} + \underset{アルコール（またはフェノール類）}{R^2-O-H}$$

$$\underset{アミド}{R^1-C(=O)-N(R^2)-R^3} + H-OH \xrightarrow{加水分解} \underset{カルボン酸}{R^1-C(=O)-OH} + \underset{アミンまたはアンモニア（R^2=R^3=Hのときはアンモニア）}{R^2-N(R^3)-H}$$

たとえば次のアミドを加水分解すると，次のように反応が進む．この反応ではアミドが加水分解されてカルボン酸とアミンが生じる．

$$H_3C-C(=O)-NH-C_6H_5 + H-OH \longrightarrow H_3C-C(=O)-OH + H_2N-C_6H_5$$

たとえば次のアミドを加水分解すると，次のように反応が進む．この反応ではアミドが加水分解されてカルボン酸とアンモニア NH_3 が生じる．

$$C_6H_5-C(=O)-NH_2 + H-OH \longrightarrow C_6H_5-C(=O)-OH + NH_3$$

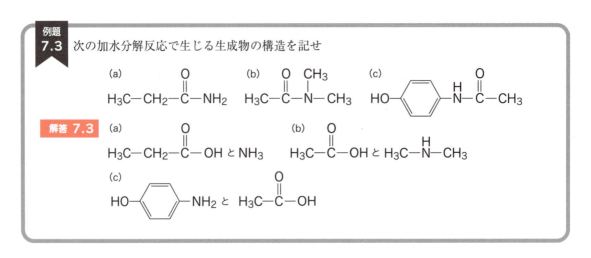

例題 7.3 次の加水分解反応で生じる生成物の構造を記せ

(a) $H_3C-CH_2-C(=O)-NH_2$ (b) $H_3C-C(=O)-N(CH_3)-CH_3$ (c) $HO-C_6H_4-NH-C(=O)-CH_3$

解答 7.3
(a) $H_3C-CH_2-C(=O)-OH$ と NH_3
(b) $H_3C-C(=O)-OH$ と $H_3C-NH-CH_3$
(c) $HO-C_6H_4-NH_2$ と $H_3C-C(=O)-OH$

7.4.2 アミドの化学合成

次に加水分解と逆の反応を考えよう．アミドが生じる反応である．まず，アミンと酸無水物の反応を考える．これもアルコール（またはフェノール類）と酸無水物からエステルが生じる反応に似ているので，復習も兼ねて両者を比べながら理解しよう．

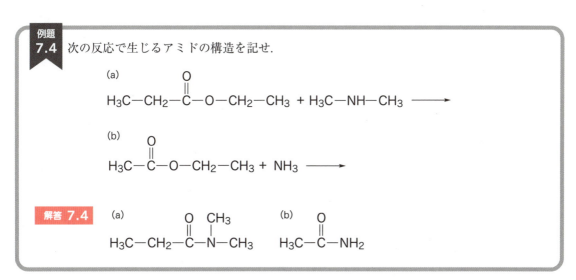

エステルにアンモニアやアミンを反応させてもアミドを得ることができる．

例題 7.4 次の反応で生じるアミドの構造を記せ．

解答 7.4

7.4.3　窒素の代謝にかかわる，アミド結合をもつ化合物

　生物は窒素を含むさまざまな化合物を食物として体内に採り入れている．余った窒素は身体の外に捨てることになるが，その捨て方は生物によって異なる．魚の場合にはアンモニア NH_3 として体外に放出する．アンモニアは生物にとって毒物だが，魚は水中で暮らしている．アンモニアは水によく溶けるので，魚がアンモニアを排泄すれば速やかに薄まり毒の心配をする必要がなくなる．人間の場合には無毒で水溶性の尿素に変えて尿として排泄する．膀胱という廃液タンクに一時的に貯めておいて，都合のよいタイミングで捨てればよい．鳥類の場合には卵という閉ざされた空間で一定の時期を過ごす．そこで尿酸という固形物にしておく．鳥が空から白い「落としもの」をしていくことがある．これには尿酸が含まれている．

尿素　　　　尿酸

　アンモニア，尿素，尿酸が水 100 g に対して溶解する質量は，それぞれ 702 g，108 g，7 mg である．水中に拡散できるか，尿としてためておくことができるか，固形物として排出できるか，それぞれの生活環境に応じて，生物が進化する過程で窒素の排出形態が最適化されたものになったと考えられている．

7.4.4　アミド結合をもつプロドラッグ

*5　5章 5.5.6 参照．

　エステル結合をもつプロドラッグについて，すでに学んだ[*5]．同様にアミド結合をもつプロドラッグも開発されている．たとえば低血圧治療剤のミドドリン（メトリジン）はその一例である．

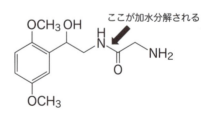

7.5　ニトロ化合物

7.5.1　ニトロ化合物の例

　ニトロ基 $-NO_2$ をもつ有機化合物をニトロ化合物とよぶ．爆薬でもあり狭心症の治療薬でもあるニトログリセリンや爆発力の大きな爆薬である 2,4,6-トリニトロトルエン（TNT）はニトロ化合物である．ニトロ化合物には爆発性のものがある．

ニトログリセリン　　　2,4,6-トリニトロトルエン（TNT）

7.5.2　ニトロ基を含む天然物

　ニトロ基をもつ天然の化合物は非常に珍しい．抗生物質クロラムフェニコールはその珍しい例のひとつである．この化合物は細菌のタンパク質合成を阻害する作用をもち，さまざまな細菌に対して抗菌作用を示す．注射剤や内服薬，軟膏，点眼薬などいろいろなかたちで用いられている．

クロラムフェニコール

7.6　ニトリル

　$R-C\equiv N$ 構造をもつ化合物をニトリルとよぶ．

7.6.1　ニトリル基をもつ化合物

　アセトニトリル $CH_3C\equiv N$ は水と任意の割合で混合可能な溶媒であり，生化学分野の分析実験に広く用いられている．

$$H_3C-C\equiv N$$

アセトニトリル

7.6.2　ニトリル基をもつ高分子

(a) アクリル繊維の材料ポリアクリロニトリル

　アクリロニトリルは付加重合によりポリアクリロニトリル（PAN）とな

る．アクリロニトリルと他の単量体との共重合体はアクリル繊維やモダクリル繊維の原料である（4章4.3で学んだ）．

(b) 瞬間接着剤の α-シアノアクリル酸エステル

瞬間接着剤[*6]は α-シアノアクリル酸のエステルである．空気中の水分が反応の触媒となり，重合反応が進行する．

*6 「アロンアルファ®」という商品名のものが有名である．

Column　違法ドラッグに手をだしてはいけない別の理由

　読者もこれまでに違法ドラッグに手をだしてはいけないと教わったことがあるかもしれない．学校で教わったことがなくても，ポスターであったりパンフレットであったり政府広告であったり，さまざまな方法で違法ドラッグに手をだしてはいけないとがよびかけられている．

　本書をここまで読んできた読者には，有機化学の反応では副生成物が生じる場合があること，それを完全に取り除くのが難しい場合があること，わずかに構造の異なる物質が予想もしていなかった性質をもつ場合があることを理解しているだろう（サリドマイド事件は分子内の不斉炭素原子1個の違いによるものであった）．

　違法なルートで出回るドラッグの純度は信頼できるものだろうか．合成するときの副生成物は取り除かれているだろうか．副生成物は人体にどのような悪影響を与えるだろうか．さまざまな違法ドラッグについて治療方法が存在しているが，それが有効なのは患者が何を服用したかがわかっている場合だけであって，品質の悪いドラッグに含まれていた不純物に対しては対処できない可能性もある（それが何なのかがわからなければお手上げである）．

　違法ドラッグに手をだしてはいけない理由としては，「違法だから」とか「身体に悪いから」とか「犯罪組織の資金源になっているから」といったものが思い浮かぶかもしれないが，化合物の純度という点からも，手をだしてはいけないと本書の読者にはおわかりいただけることだろう．

瞬間接着剤は医療でも利用されている．皮膚の接着には側鎖を長くした
ものが用いられる．側鎖を長くすると，重合後の高分子に柔軟性をもたせ
ることができる．

$$H_2C=C(CN)-C(=O)-OCH_2CH_2CH_2CH_3$$

7.6.3　ニトリル基をもつ天然物

　青梅の実にはアミグダリン（amygdalin）が含まれている．

アミグダリン

　アミグダリンが私たちの体内で消化されると，猛毒のシアン化水素
HCN が生じる．そのため日本では古くから，青梅を生で食べてはいけな
いといわれてきた．これは未成熟の青梅の実に高濃度のアミグダリンが含
まれており，中毒を引き起こすことがあるためである．ただし梅の実が熟
すにつれてアミグダリンが減少していくので，梅干しや梅酒にアミグダリ
ン中毒の恐れはほとんどない．

✔️　7章のまとめ

- アンモニアをもとにして，置換基が1個のものを第一級アミン，2個のものを第二級アミン，3個のものを第三級アミンに分類する．
- アミンは塩基としての性質をもつ．またアミンどうしおよび水との間に，水素結合を形成する．そして酸と反応して塩を形成する．
- 第四級アンモニウム塩は4つの原子団が窒素原子に結合している化合物である．
- アミドはカルボン酸とアミンあるいはアンモニアが脱水縮合した構造の化合物である．
- 体内で過剰になった窒素は魚ではアンモニア，ヒトでは尿素に，鳥類では尿酸として体外に捨てられる．
- ニトロ化合物はニトロ基をもつ有機化合物である．
- ニトリルは $R-C{\equiv}N$ 構造をもつ有機化合物である．

112　7章　医薬品から爆薬まで

◉ 章 末 問 題 ◉

1. 次の化合物をアミン，アミド，ニトリル，ニトロ化合物に分類せよ．

(a)

$H_3C-C\equiv N$

(b)

$\overset{\overset{\displaystyle O}{\|}}{C}-NH_2$

(c)

$H_3C-\overset{\overset{\displaystyle CH_3}{|}}{N}-CH_3$

(d)

$-NO_2$

2. 次のアミンを第一級アミン，第二級アミン，第三級アミンに分類せよ．

(a)

$H_5C_2-\overset{\overset{\displaystyle C_2H_5}{|}}{N}-C_2H_5$

(b)

$H_5C_2-NH-CH_3$

(c)

$-NH_2$

3. 次のアミドの加水分解で生じる化合物の構造を記せ．

(a)

$HO-\overset{\overset{\displaystyle H}{|}}{\underset{}{N}}-\overset{\overset{\displaystyle O}{\|}}{C}-CH_3$

(b)

$H_3C-CH_2-\overset{\overset{\displaystyle O}{\|}}{C}-\overset{\overset{\displaystyle CH_3}{|}}{N}-CH_3$

4. 次のエステルとアミンの反応で生じるアミドの構造を記せ．

(a)

$H_3C-CH_2-\overset{\overset{\displaystyle O}{\|}}{C}-O-CH_2-CH_3 + H_3C-NH_2 \longrightarrow$

(b)

$H_3C-\overset{\overset{\displaystyle O}{\|}}{C}-O-\overset{\overset{\displaystyle CH_3}{|}}{C}H-CH_3 + H_3C-NH-CH_3 \longrightarrow$

chap 08 砂糖からあぶらまで
糖質と脂質

本章のねらい

1. 単糖や二糖，多糖の具体的な例をあげることができる．
2. リン脂質とは何なのかを，具体的な例をあげて説明できる．
3. 細胞膜のしくみについて，リン脂質を中心に説明することができる．
4. ステロイドとはどのようなものなのか，具体的な例をあげて説明できる．

8.1 私たちの身体をつくっている有機化合物

生体分子

　本章と9章，10章では，私たちの身体をつくっている有機化合物について考える．本章では糖質と脂質について考え，9章ではアミノ酸とタンパク質，10章では核酸について考える．この3つの章を通じて，医療や食品，生物学などを学ぶときに登場するさまざまな有機化合物について理解が深まることだろう．

8.2 糖 質

　米やパンなど主食に含まれているデンプン，点滴液のなかに栄養素として加えられているブドウ糖，そして甘みをもつ砂糖などは，いずれも**糖質**（carbohydrate）である．糖質を糖類とよぶこともある．糖質の多くは，分子式を $C_m(H_2O)_n$ のかたちであらわすことができるので，炭素と水が組み合わさった化合物という意味で，炭水化物とよぶこともある[*1]．

*1 食物について考えるときは，糖質，糖類，炭水化物といった用語の定義が異なる場合がある．これについては12章で考える．

8.2.1 デンプンと主食

　緑色植物は，光合成によって二酸化炭素 CO_2 と水 H_2O からグルコース（ブドウ糖）$C_6H_{12}O_6$ を合成する．グルコースは脱水縮合によってつながり，デンプンやセルロースとして植物中に貯蔵される．私たちが主食とよんでいる米や麺，パンなどには，デンプンが豊富に含まれている．

$$6\,CO_2 + 6\,H_2O \xrightarrow{\text{太陽光}} 6\,O_2 + \underset{\text{グルコース}}{C_6H_{12}O_6} \begin{array}{l} \rightarrow \text{セルロース} \\ \rightarrow \text{デンプン} \end{array}$$

8章 砂糖からあぶらまで

8.2.2 グルコース

　食物中のデンプンは，私たちの体内で加水分解され，グルコースとなる．グルコースは代謝系で何段階にもわたる反応を続け，最終的に二酸化炭素と水になって身体から出ていく．この過程で放出されるエネルギーを使って，私たちは運動したり，発熱したり，身体をつくったりしている．

$$\text{デンプン} \xrightarrow{\text{加水分解}} \text{グルコース} \xrightarrow{\text{代謝}} CO_2, H_2O$$

(a) グルコースの平衡状態

　グルコースは，水溶液中で（私たちの血液中でも）次のような平衡状態にある．右端のヒドロキシ基 –OH の向きによって，α-グルコースと β-グルコースを区別する．グルコースに限らず，さまざまな糖質は，水溶液中においてこうした平衡状態にある．糖質の構造が記されている場合，そのほかの構造も存在する可能性がある．

α-グルコース　37%　　　0.02%　　　β-グルコース　63%

(b) グルコースの分子構造

*2　この描き方を，ハース式（Haworth 式）とよぶ．

　グルコースをはじめ，環状構造をもつ糖質の分子構造を描くときに，上記の構造式のように，環構造の手前を太く描くことがある[*2]．これは環に結合した原子や原子団の相対的な位置関係をわかりやすくするための描き方である．実際には，グルコースの環構造をつくる 6 個の原子は，平面上に存在しているわけではない．たとえば α-グルコースの環構造を実際の姿に似せて描くと，次のようになる．

(c) グルコースのアルコール発酵

　ブドウや麦，米，そのほかのさまざまな植物から人類は酒類を製造してきた．こうした植物に含まれるデンプンが加水分解されてグルコースが生

じ，このグルコースを微生物が酵素によってエタノール C_2H_5OH と二酸化炭素 CO_2 にする．これを，アルコール発酵とよぶ．

$$C_6H_{12}O_6 \longrightarrow 2\,C_2H_5OH + 2\,CO_2$$

> **例題 8.1** アルコール発酵によってグルコース 90 g から得られるエタノールは何 g か．グルコースの分子量を 180，エタノールの分子量を 46 とせよ†．
>
> **解答 8.1** 46 g
>
> **解説 8.1** 反応式は $C_6H_{12}O_6 \longrightarrow 2\,C_2H_5OH + 2\,CO_2$ なので，1 mol のグルコースから 2 mol のエタノールが得られる．90 g のグルコースの物質量は，質量/モル質量 = 50 g / (180 g mol^{-1}) = 0.50 mol．ここから生じるエタノールは，2 × 0.50 mol = 1.0 mol．エタノールのモル質量は 46 g mol^{-1} なので，46 g のエタノールが得られる．
>
> † グルコースのモル質量は 180 g mol^{-1}，エタノールのモル質量は 46 g mol^{-1} となる．

8.2.3 二 糖

(a) とても甘いスクロースと，もっとも甘いフルクトース

甘いものが好きな読者も多いことだろう．甘さをもつ糖質について考えることにしよう．砂糖の主成分はスクロース（ショ糖）である．スクロースを加水分解すると，グルコースとフルクトース（果糖）が生じる．

グルコースとフルクトースは，脱水縮合によりエーテル結合をつくっている．この結合を，**グリコシド結合**（glycosidic bond）とよぶ．グリコシド結合の構造を描くときに，次のようにあらわす場合がある．この場合，折曲がりは $-CH_2-$ ではない．

フルクトースは果物やハチミツのなかに含まれており，さまざまな糖質

−CH₂−ではない

のなかでもっとも甘い化合物である．スクロースを加水分解して得られるグルコースとフルクトースの等量混合物を，転化糖とよぶ．転化糖は砂糖よりも甘く，甘味料としてアイスクリームやジュースなどに加えられている．

(b) 甘いマルトースと，ほのかに甘いラクトース

　水あめ（水飴）をなめたことがあるかもしれない．砂糖やハチミツほどではないが，水あめにも甘さがある．これは，水あめの主成分マルトース（麦芽糖）の甘さである．マルトースは，2分子のグルコースが脱水縮合した化合物である．

　牛乳にわずかな甘みがあることに気づいたことがあるかもしれない．これはラクトース（乳糖）の甘みである．ラクトースはガラクトースとグルコースが脱水縮合した化合物である．

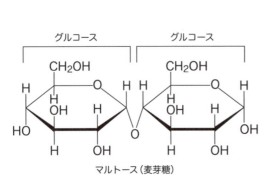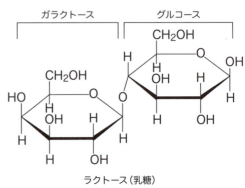

マルトース（麦芽糖）　　　　　　　　　ラクトース（乳糖）

スクロースやマルトース，ラクトースのように，加水分解で2分子の糖質分子を生じる化合物を**二糖**（disaccharide）とよぶ．グルコースやフルクトース，ガラクトースのように，それ以上は加水分解されない糖質を**単糖**（monosaccharide）とよぶ．また，加水分解によって2分子から10分子程度の単糖を生じる化合物を**オリゴ糖**（oligosaccharide）や**少糖**，多数の単糖を生じる化合物を**多糖**（polysaccharide）とよぶ[*3]．

*3　二糖もオリゴ糖に含める．また，オリゴ糖と多糖の厳密な境目は存在しない．

8.2.4　多　糖

(a) アミロース，アミロペクチン，グリコーゲン

デンプンは，多数のグルコースが脱水縮合でつながった高分子である．デンプンは，アミロースとアミロペクチンの混合物である．アミロースはグルコースが直鎖状につながったものであり，アミロペクチンはアミロースが枝分れした構造をもつ．アミロースの分子量は $10^4 \sim 10^5$，アミロペクチンの分子量は $10^6 \sim 10^7$ 程度と考えられている．

アミロース

アミロペクチン

食物として取り入れた糖質は加水分解されて生じたグルコースとなり，血液中に入ってくる．血液中のグルコース濃度は一定の範囲に収まっている必要があるので[*4]，余分なグルコースは脱水縮合されてグリコーゲンとなり，肝臓や筋肉に蓄えられる．そして，血液中のグルコース濃度が下がってくると，このグリコーゲンが加水分解されてグルコースを生じる．グリコーゲンはアミロペクチンと同様に枝分れした構造をもつが，枝分れの数はアミロペクチンよりも多い．

*4　私たちの血液中に含まれているグルコースの量を，血糖値とよぶ．血糖値は血液100 mL あたり 70 mg ～ 140 mg に保たれている．

> **例題 8.2** デンプン 32.4 g を完全に加水分解すると，何 g のグルコースが得られるか．グルコースの分子量を 180，水の分子量を 18 とせよ[†]．
>
> **解答 8.2** 36.0 g
>
> **解説 8.2** デンプンは多数のグルコースが脱水縮合でつながった高分子である．高分子中のグルコース単位のモル質量は，180 g mol^{-1} − 18 g mol^{-1} = 162 g mol^{-1} である．32.4 g のデンプンに含まれるグルコース単位の物質量は，質量/モル質量 = 32.4 g/(162 g mol^{-1}) = 0.200 mol．この量のグルコースが生じるので，(0.200 mol) × (180 g mol^{-1}) = 36.0 g．
>
> [†] グルコースのモル質量は 180 g mol^{-1}，水のモル質量は 18 g mol^{-1} となる．

(b) セルロース

セルロースは植物の身体をかたちづくる主材料であり，多くの植物の質量の 30～50％を占める．セルロースはデンプンと同様にグルコースが脱水縮合によってつながった高分子であり，分子量は 10^6～10^7 に達する．デンプンもセルロースも，グルコースが脱水縮合でつながった高分子であるが，私たちの身体はデンプンを消化できるものの，セルロースを消化することはできない．これは，デンプンとセルロースでは，グルコースのつながり方が違うためである．

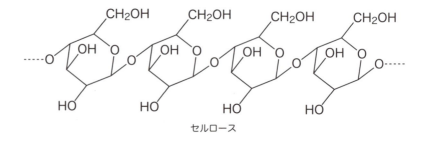

セルロース

Column　うるち米ともち米

米にはさまざまな品種があり，それぞれ触感が異なっている．その理由のひとつが，デンプン中のアミロペクチンの割合である．アミロペクチンは枝分れしているため，水とともに加熱すると分子どうしが絡み合い，その結果として炊き上がった後の米に粘り気が出る．アミロペクチンの割合が高いデンプンでは，粘り気が強くなる．一般的な米の場合，アミロペクチンは 75～80％含まれているが，

もち米ではアミロペクチンがほぼ 100％である．

私たちがもつ消化酵素は，デンプンを加水分解することはできるが，セルロースを加水分解することができない．私たちが食事で摂取したすべてのセルロースは，私たちの身体によって利用されることなく，身体を通り抜けていく．ただし，ウシやヒツジ，シカなどの草食動物は，胃に共生している微生物がセルロース分解酵素をもつので，セルロースを消化することができる．

8.2.5　糖質の一部が変化した化合物

糖質は，脂質やタンパク質と共有結合した状態で存在していることもある．また，酸化やアセチル化，硫酸化，メチル化などの修飾を受けた糖質もある[*5]．

[*5] タンパク質やDNAなどの生体高分子に含まれる特定の官能基を化学的に変化させて，活性や反応性などの機能を変化させることを修飾とよぶ．

8.3　脂　質

水にほとんど溶けない天然の有機化合物を，**脂質**（lipid）とよぶ．5章で学んだ油脂をはじめ，細胞膜を構成する分子，さまざまなビタミンやホルモンなどが脂質に分類される．水に対する溶解性を除いて，これらの化合物の間に共通した性質があるわけではない．ここでは細胞膜の材料となっている化合物と，生体機能の調節にかかわっている化合物に絞って理解を

Column　天然にもっともたくさん存在する有機化合物

天然にもっとも多く存在する有機化合物は，セルロースである．セルロースは植物の質量の30～50％を占めている．地球上に広がる森林のことを思い出すと，地球上に膨大な量のセルロースが存在することが理解できることだろう．

人間はセルロースを消化できないので，セルロースを食物として利用することはできないが，その代わりに優れた材料としてセルロースを利用してきた．紙や木材としての利用だけでなく，化学的処理を施してさまざまな材料を開発してきた．セルロースを原料とする材料には樹脂や繊維，フィルム，のりなどがある．

深めることにしよう.

8.3.1　リン脂質

(a) リン酸のエステル

5章でカルボン酸のエステルについて学んだ.

$$R^1-\overset{\overset{\textstyle O}{\|}}{C}-OH \ + \ HO-R^2 \ \xrightarrow{\text{脱水縮合}} \ R^1-\overset{\overset{\textstyle O}{\|}}{C}-O-R^2 \ + \ H_2O$$

カルボン酸　　　アルコール　　　　　　　　　　　カルボン酸エステル

*6　リンPは5本の共有結合をつくることができる元素である.

これと同じように,リン酸も**リン酸エステル**(phosphate)をつくる.リン酸エステルには,以下の3種類がある*6.

$$HO-\overset{\overset{\textstyle O}{\|}}{\underset{\underset{\textstyle OH}{|}}{P}}-OH \qquad HO-\overset{\overset{\textstyle O}{\|}}{\underset{\underset{\textstyle OH}{|}}{P}}-O-R^1 \qquad HO-\overset{\overset{\textstyle O}{\|}}{\underset{\underset{\textstyle O-R^2}{|}}{P}}-O-R^1 \qquad R^3-O-\overset{\overset{\textstyle O}{\|}}{\underset{\underset{\textstyle O-R^2}{|}}{P}}-O-R^1$$

リン酸　　　　　　リン酸モノエステル　　　　リン酸ジエステル　　　　リン酸トリエステル

これらのリン酸エステルのうち,**リン酸ジエステル**(phosphodiester)が生体を構成する材料のさまざまな箇所に用いられている.構造中にリン酸エステルをもつ脂質を**リン脂質**(phospholipid)とよぶ.

(b) 細胞膜をつくる材料——グリセロリン脂質

5章で油脂がカルボン酸とグリセリンのエステルであることを学んだ.油脂の一部がリン酸に置き換わった構造をもつ化合物が,ホスファチジン酸である.

油脂の一般構造　　　　　　　ホスファチジン酸

このホスファチジン酸がリン酸のジエステルとなった化合物のひとつに,ホスファチジルコリンがある.R^1 および R^2 は,炭素数 12 〜 20 程度の炭化水素基である.たとえば次のような構造のものがある.すべての動植物がこの分子をもっている.

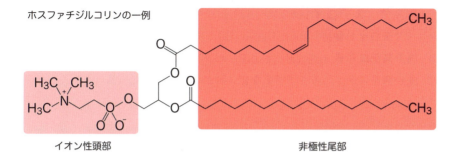

ホスファチジルコリンの一例
イオン性頭部 非極性尾部

このようにリン脂質はイオン性頭部と非極性尾部から構成されている．細胞膜はリン脂質が集まって，厚さ約 5.0 nm の**脂質二重層**（lipid bilayer）をつくる．この二重層にタンパク質が貫通したり，埋め込まれたりしている．これらのタンパク質は特定の場所に固定されているのではなく，リン脂質の二重層内を自由に動き回ることができる，すなわち流動性をもっている．

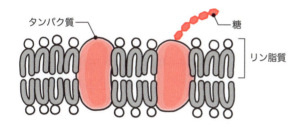

(c) 神経細胞を守る材料——スフィンゴリン脂質

ホスファチジルコリンのようにグリセリンを骨格に含むリン脂質を，**グリセロリン脂質**（glycerophospholipid）とよぶ．このほか，リン脂質にはスフィンゴシンまたはその関連化合物を骨格としてもつ**スフィンゴリン脂質**（sphingophospholipid）がある．その代表的なものに，スフィンゴミエリンがある．この化合物は，脳神経や神経組織に大量に含まれており，神経繊維をおおって保護している主要な成分である．

8.3.2 ステロイド

ステロイド骨格 (steroid skeleton), またはこれと似た構造をもつ化合物を**ステロイド** (steroid) とよぶ. ビタミンやホルモン, 医薬品, 身体機能の調整にかかわるさまざまな化合物がこの構造をもっている[*7].

*7 ここではさまざまなステロイドの例をあげるが, 構造を暗記する必要はない. 共通してステロイド骨格をもっていることがわかればよい.

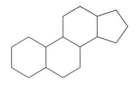

ステロイド骨格

この構造式を見ると, 4つの環が同一平面上に存在しているように見えるかもしれないが, 実際には複雑な立体構造となっている. 天然物にみられるステロイド骨格は次のような構造となっている.

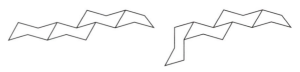

天然物にみられるステロイド骨格

(a) コレステロール

コレステロールは動物の細胞膜を構成する材料のひとつである. 血中のコレステロール濃度と心臓疾患の間には, 強い相関関係が認められている. コレステロールからは体内でステロイドホルモンやビタミンが合成される.

コレステロール

(b) ステロイドホルモン

動物の特定の器官から血液中に分泌され, 特定の器官で極微量で生理作用を調節する物質を**ホルモン** (hormone) とよぶ. ホルモンのうち, 生物の雌雄の性を保ち, 生殖に関係するものを**性ホルモン** (sex hormone) とよぶ. エストラジオールは, 女性の第二次性徴の発達や, 月経周期の調節に関係している性ホルモンである. プロゲステロンは, 妊娠中に子宮内膜に分泌

8.3 脂 質　　123

され，受精卵が着床するために必要な化合物である．

エストラジオール　　　　　　　　　プロゲステロン

　テストステロンとアンドロステロンは，男性の思春期における第二次性
徴の発達と，組織や筋肉の発達に関係する男性ホルモンである．

テストステロン　　　　　　　　　アンドロステロン

　コルチゾンは副腎皮質が分泌するホルモンのひとつである．人体がスト
レスに対して反応する際に放出される．副腎からはコルチゾンのほかにも，
身体機能を調節するさまざまなホルモンが分泌されている．

コルチゾン

(c) 医薬品

　ステロイド骨格をもつ医薬品が用いられている．前述のコルチゾンは抗
炎症作用を示すので，医薬品としても用いられている．ジギタリス（植物）
から得られるジギトキシゲニンは強心薬である．心不全や不整脈の患者に
投与される．

ジギトキシゲニン

　人工的に合成されたステロイドが医薬品に用いられている．例として抗炎症剤のプレドニゾロン，経口避妊薬のエチニルエストラジオールをあげる．

プレドニゾロン

エチニルエストラジオール

✓ 8 章のまとめ

. . . .

- ☐ それ以上加水分解されない糖質を単糖とよぶ．
- ☐ 加水分解により2個の単糖を生じる糖質を二糖，2個から10個程度の単糖を生じる糖質をオリゴ糖，多数の単糖を生じる糖質を多糖とよぶ．
- ☐ 単糖が脱水縮合して生じるエーテル結合をグリコシド結合とよぶ．
- ☐ 単糖にはグルコースやフルクトース，ガラクトースなどがある．
- ☐ 二糖にはスクロースやマルトース，ラクトースなどがある．
- ☐ デンプンはアミロースとアミロペクチンの混合物である．アミロースはグルコースが直鎖状につながった高分子であり，アミロペクチンはアミロースが枝分れした構造をもつ高分子である．
- ☐ 糖質は水溶液中でいくつかの構造の平衡状態にある．
- ☐ 水にほとんど溶けない天然の有機化合物を脂質とよぶ．
- ☐ リン酸のエステルがリン酸エステルであり，リン酸モノエステル，リン酸ジエステル，リン酸トリエステルの3種類がある．
- ☐ 構造中にリン酸エステルをもつ脂質をリン脂質とよぶ．
- ☐ グリセリンを骨格に含む脂質をグリセロリン脂質，スフィンゴシンまたはその関連化合物

を骨格に含む脂質をスフィンゴリン脂質とよぶ.

■ リン脂質は, イオン性頭部と非極性尾部から構成されている.

■ 細胞膜ではリン脂質が脂質二重層をつくり, ここにタンパク質が貫通したり埋め込まれたりしている. これらのタンパク質は二重層内を自由に動き回ることができる.

■ ステロイド骨格をもつ化合物をステロイドとよび, コレステロールやホルモン, 医薬品などがある.

◉ 章 末 問 題 ◉

1. グルコースを原料として, アルコール発酵によりエタノールを 460 g 製造するとき, 必要なグルコースは何 g か. グルコースの分子量を 180, エタノールの分子量を 46 とせよ.

2. デンプン 48.6 g を完全に加水分解すると, 何 g のグルコースが得られるか. グルコースの分子量を 180, 水の分子量を 18 とせよ.

3. 次の糖質を, 単糖, 二糖, 多糖に分類せよ.

   アミロース, アミロペクチン, ガラクトース, グリコーゲン, グルコース, スクロース, セルロース, フルクトース, マルトース, ラクトース

4. 次の①から④にあてはまる語句を答えよ.

   水にほとんど溶けない天然の有機化合物を (①) とよぶ. (①) のうち, 構造中にリン酸エステルをもつものを, (②) とよぶ. 細胞膜を構成する (②) は, イオン性頭部と (③) から成り, 集まって (④) を形成している. ここにタンパク質が貫通したり, 埋め込まれたりしている.

5. どのような役割をもつステロイドがあるか, 3つ例をあげよ.

chap 09 アミノ酸がつながってタンパク質になる

本章のねらい
1. アミノ酸やペプチド，タンパク質の関係を説明できる．
2. ポリペプチドの加水分解を説明できる．
3. ポリペプチドやタンパク質，酵素の関係を説明できる．
4. タンパク質の一次構造や二次構造，三次構造，四次構造を説明できる．

9.1 タンパク質はどこにあるのか

私たちの筋肉や皮膚，毛髪，爪，器官，腱などは，おもに**タンパク質**（protein）でできている．また，触媒として働くタンパク質や，物質や情報を運搬するタンパク質もある．私たちの体内には数万種類のタンパク質がある．タンパク質は私たちの細胞のなかで水の次に多く存在している化合物であり，多数のアミノ酸が脱水縮合でつながった高分子である．そこで，まず本章ではアミノ酸を理解するところから始めることにしよう[*1]．

[*1] 読者の全員が，アミノ酸の名称と構造をすべて暗記する必要はない．本書の読者には，暗記することよりも，必要に応じて表9.1を参照する読み方をおすすめする．

9.2 タンパク質を組み立てるブロック

アミノ酸

アミノ基 $-NH_2$ とカルボキシ基 $-COOH$ を分子内にあわせもつ化合物を，**アミノ酸**（amino acid）とよぶ．アミノ酸のうち，アミノ基とカルボキシ基が同一炭素原子 C に結合しているものを，**α-アミノ酸**（α-amino acid）とよび，この炭素原子 C を **α炭素**（α-carbon）という．α-アミノ酸の一般式は次のようになる．ここで R をアミノ酸の**側鎖**（side chain）とよぶ．タンパク質は20種類のアミノ酸から構成されている（表9.1）[*2]．

[*2] プロリンはアミノ基 $-NH_2$ をもたないので，厳密にはアミノ酸ではないが，タンパク質を構成する20種類のアミノ酸に分類する習慣になっている．

アミノ酸の一般式

表9.1 タンパク質を構成する20種類のアミノ酸の側鎖

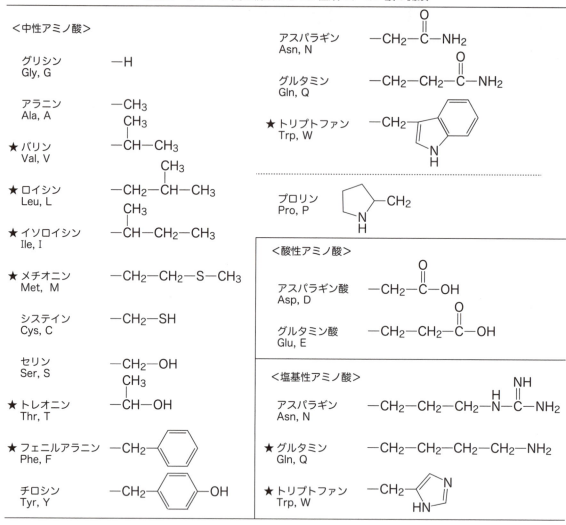

9.2.1 鏡の国のアミノ酸
──L-アミノ酸だけがタンパク質に使われる

*3 タンパク質中に組み込まれたL-アミノ酸がD-アミノ酸に変化することはある．また，D-アミノ酸それ自体や，D-アミノ酸を含むペプチドは体内に存在する．

*4 単に「アミノ酸」といった場合，タンパク質を構成するもの以外にさまざまな化合物も含めて考える必要が生じる．たとえばγ-アミノ酪酸 H₂NCH₂CH₂CH₂COOHのような分子もアミノ酸である．

グリシンを除く19種類のα-アミノ酸では，α炭素が不斉炭素原子である．そのため，これら19種類のアミノ酸には鏡像異性体が存在する．このうちタンパク質の構成要素となっているものは，**L-アミノ酸**（L-amino acid）だけである*3．本章では，タンパク質の構成要素となる20種類のアミノ酸だけを「アミノ酸」として考えることにする*4．

9.2.2　アミノ酸は水溶液中でイオンとして存在する

生理的 pH（7.4 付近）の水溶液中において，アミノ酸のアミノ基とカルボキシ基は，以下のようにイオン化している．このように，分子内に正・負の電荷を合わせもつイオンを，**双性イオン**（zwitterion）とよぶ．結晶中のアミノ酸も双性イオンのかたちをとっている．

$$H_2N-\overset{\overset{\displaystyle R}{|}}{\underset{\underset{\displaystyle H}{|}}{C}}-COOH \rightleftharpoons H_3\overset{+}{N}-\overset{\overset{\displaystyle R}{|}}{\underset{\underset{\displaystyle H}{|}}{C}}-COO^-$$

双性イオン

アミノ酸の水溶液に酸を加えると，双性イオンの $-COO^-$ が H^+ を受けとって $-COOH$ となり，アミノ酸は陽イオンになる．一方，塩基を加えると，双性イオンの $-NH_3^+$ が H^+ を失って $-NH_2$ となり，アミノ酸は陰イオンになる．

$$H_3\overset{+}{N}-\overset{\overset{\displaystyle R}{|}}{\underset{\underset{\displaystyle H}{|}}{C}}-COOH \underset{H^+}{\overset{OH^-}{\rightleftharpoons}} H_3\overset{+}{N}-\overset{\overset{\displaystyle R}{|}}{\underset{\underset{\displaystyle H}{|}}{C}}-COO^- \underset{H^+}{\overset{OH^-}{\rightleftharpoons}} H_2N-\overset{\overset{\displaystyle R}{|}}{\underset{\underset{\displaystyle H}{|}}{C}}-COO^-$$

酸性水溶液中　　　　　　　　双性イオン　　　　　　　塩基性水溶液中

9.2.3　アミノ酸を分類する

分子中にカルボキシ基 $-COOH$ とアミノ基 $-NH_2$ を 1 個ずつもつアミノ酸を**中性アミノ酸**（neutral amino acid），側鎖にカルボキシ基 $-COOH$ をもつアミノ酸を**酸性アミノ酸**（acidic amino acid），側鎖にアミノ基 $-NH_2$ をもつアミノ酸およびヒスチジンを**塩基性アミノ酸**（basic amino acid）とよぶ．タンパク質を構成する 20 種類のアミノ酸のうち，生体内で合成されないか，合成されにくいために食物から摂取する必要があるものを，**必須アミノ酸**（essential amino acid）とよぶことがある．必須アミノ酸は生物種によって異なる．人間の場合を表 9.1 に★で記した．

9.2.4　アミノ酸の等電点

アミノ酸がもつ電荷は，水溶液の pH によって変化する．アミノ酸の水溶液が特定の pH になると，陽イオン，双性イオン，陰イオンの電荷の総和が全体として 0 になる．この pH を，そのアミノ酸の**等電点**（isoelectric point）とよぶ（記号に pI を用いる）．酸性アミノ酸は酸性側に，塩基性アミノ酸は塩基性側に等電点をもつ．

9章 アミノ酸がつながってタンパク質になる

例題 9.1

表 9.1 を見ながら，タンパク質を構成する 20 種類のアミノ酸についての次の問いに答えよ．

(1) 構成する元素は何個あるか．

(2) 硫黄 S を含むものは何個あるか．

(3) ヒドロキシ基 −OH を含むものは何個あるか（カルボキシ基の −OH 部分はヒドロキシ基とは考えない）．

(4) 側鎖に不斉炭素原子をもつものは何個あるか．

解答 9.1　(1) 5 個　　(2) 2 個　　(3) 2 個

(1) C, H, O, N, S　(2) システインとメチオニン　(3) トレオニンとイソロイシン

9.3 アミノ酸がつながった分子　　　ペプチド

*5 本章では α-アミノ酸の α 炭素に結合したアミノ基 −NH$_2$ と，別のアミノ酸の α 炭素に結合したカルボキシ基 −COOH が脱水縮合して生じるペプチドだけを「ペプチド」として考える．

*6 ジペプチドやトリペプチドもオリゴペプチドに含める．

*7 オリゴ糖と多糖の関係と同じである．

アミノ酸のアミノ基 −NH$_2$ と，別のアミノ酸のカルボキシ基 −COOH が脱水縮合してできた化合物を，**ペプチド**（peptide）とよぶ*5．アミノ酸どうしのアミド結合を，**ペプチド結合**（peptide bond）とよぶことがある．2 分子のアミノ酸が縮合したものを，**ジペプチド**（dipeptide），3 分子のアミノ酸が縮合したものを**トリペプチド**（tripeptide），数分子のアミノ酸が縮合したものを**オリゴペプチド**（oligopeptide）*6，数十個以上のアミノ酸が縮合したものを**ポリペプチド**（polypeptide）とよぶ．オリゴペプチドとポリペプチドの間に明確な境目はない*7．

異なるアミノ酸の組合せで生じるペプチドの場合，アミノ酸の結合順序が変わると異なるペプチドになる．例としてアラニンとフェニルアラニンの組合せを考える．

この組合せでつくられるジペプチドには次の2種類が考えられるが，両者は異なる化合物である．ペプチドにおいてはアミノ酸の種類だけでなく，結合順序も重要である．

$$H_2N-CH-C-N-CH-COOH \qquad H_2N-CH-C-N-CH-COOH$$

9.3.1 ペプチドの向き

ペプチドに組み込まれたアミノ酸単位を**残基**（residue）とよぶ．ペプチドの両末端のうち，α炭素のアミノ基を残した側を**N末端**（N-terminus），またはアミノ末端（amino-terminus），カルボキシ基を残した側を**C末端**（C-terminus），またはカルボキシ末端（carboxy-terminus）とよぶ．

連続した鎖を構成する $-N-CH-CO-$ の繰返し構造を，ペプチドの**骨格**（backbone）とよぶ．ペプチドは骨格と側鎖の組合せとして理解することもできる．

ペプチドの構造を記すときは，N末端を左端に，C末端を右端に書くことが習慣となっている．すべてのペプチドにおいて骨格は共通なので，N末端からC末端に向けてのアミノ酸残基の配列がわかれば，ペプチド全体の構造がわかる．アミノ酸残基をあらわすときには，表9.1に記した3文字表記または1文字表記が使われる．たとえば，鎮痛作用を示すメチオニンエンケファリンについて考える．

*8 本書で学ぶ範囲においては，3文字表記も1文字表記も暗記する必要はない．タンパク質やペプチドについてさらに深く学ぶときに，暗記しておくと便利な状況になるかもしれない．

3文字表記を用いてこのペプチドを表すと，Tyr-Gly-Gly-Phe-Met と

Column　人工甘味料アスパルテーム

「ノンカロリー」や「カロリーゼロ」と表示された清涼飲料水が甘い場合，砂糖の代わりに人工甘味料が使われている．代表的な人工甘味料にアスパルテームがある．アスパルテームは，N末端がアスパラギン酸，C末端がフェニルアラニンとなったジペプチドの，C末端カルボキシ基がメタノールとのエステルになった化合物である．1gあたりのエネルギー（カロリー）で比べると，砂糖もアスパルテームもほとんど変わらないが，ヒトの味覚はアスパルテームを砂糖よりも100倍から200倍甘く感じるので，砂糖と同じ甘さを出すための使用量を大幅に減らすことができる．

アスパルテームは私たちの身体で加水分解され，アスパラギン酸とフェニルアラニン，

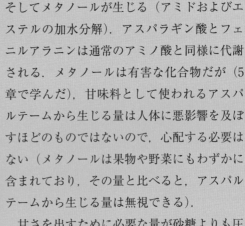

そしてメタノールが生じる（アミドおよびエステルの加水分解）．アスパラギン酸とフェニルアラニンは通常のアミノ酸と同様に代謝される．メタノールは有害な化合物だが（5章で学んだ），甘味料として使われるアスパルテームから生じる量は人体に悪影響を及ぼすほどのものではないので，心配する必要はない（メタノールは果物や野菜にもわずかに含まれており，その量と比べると，アスパルテームから生じる量は無視できる）．

甘さを出すために必要な量が砂糖よりも圧倒的に少ないとはいえ，アスパルテームは「0カロリー」ではない．日本では，100mLあたり5kcal以下の飲料に「ノンカロリー」や「カロリーゼロ」と表示してよい決まりになっている．「ノンカロリー」や「カロリーゼロ」と「0カロリー」は別である．読者がダイエットに取り組んでいる最中だったら，このことを理解しておく必要があるかもしれない．

なる．1文字表記では YGGFM となる[*8]．

> **例題 9.2** アラニン（Ala），グリシン（Gly），セリン（Ser）を1個ずつ含む鎖状のトリペプチドには，何種類の構造異性体が考えられるか．
>
> **解答 9.2** 6種類
>
> **解説 9.2** Ala-Gly-Ser, Ala-Ser-Gly, Gly-Ala-Ser, Gly-Ser-Ala, Ser-Ala-Gly, Ser-Gly-Ala．

9.4 タンパク質

ポリペプチドを主要な構成要素としており（ポリペプチドだけから構成されている場合もある），秩序正しい立体構造をもち，何らかの機能をもつ物質を**タンパク質**（protein）とよぶ[*9]．

[*9] 例外もある．p.136 の column 参照．

9.4.1 タンパク質の構造

タンパク質の構造を考えるときには，一次構造から四次構造までの4段階に分けて考える．タンパク質の二次構造以上をまとめてタンパク質の**高次構造**（higher order structure）とよぶ．

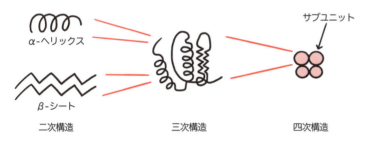

図 9.1 タンパク質の二次構造と三次構造と四次構造
ポリペプチド鎖がらせんを描いたり（α-ヘリックス）ジグザグに折れ曲がったりして（β-シート）規則的な立体構造をつくる（二次構造）．ポリペプチド鎖が折りたたまれてポリペプチド鎖全体の三次元構造ができる（三次構造）．三次構造をつくったポリペプチド鎖がいくつか集まって複合体をつくる（四次構造）．

(a) 一次構造

ポリペプチドを構成するアミノ酸の N 末端から C 末端に向けての配列を，**一次構造**（primary structure）とよぶ．タンパク質の「形」については考えない．

(b) 二次構造

ここからタンパク質の「形」も考える．ポリペプチド鎖は自由な形をとっているわけではない．ポリペプチドの骨格中の 〉C=O と 〉N–H の間で水素結合がつくられることによって，比較的短い範囲で繰り返される規則正しい立体構造がつくられる．この構造を**二次構造**（secondary structure）とよぶ．もっとも一般的な二次構造は，**α-ヘリックス**（α-helix）構造と**β-シート**（β-sheet）構造である（図 9.2）．α-ヘリックスは右巻きらせん

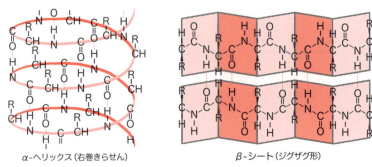

図9.2 タンパク質の二次構造

構造，β-シートはジグザグ形に折れ曲がった構造である．

(c) 三次構造

ポリペプチド鎖が折りたたまれてできる，分子全体の三次元構造を**三次構造**(tertiary structure)とよぶ．ポリペプチド鎖内の離れた場所に組み込まれた2個のシステイン残基の間でチオール基 −SH どうしがジスルフィド結合 −S−S− をつくることがあり[*10]，立体構造が安定になる．

*10 水素を失うかたちの酸化反応である．

$$\{\!\!-\!\!SH + HS\!\!-\!\!\} \xrightarrow{-H_2} \{\!\!-\!\!S\!\!-\!\!S\!\!-\!\!\}$$

チオール基　　　　　　　　ジスルフィド結合

また，折りたたまれたポリペプチド内部では，側鎖どうしが電気的な引力，疎水性のものどうしの集まり，水素結合，イオン結合などによって結びつく．一方，タンパク質の表面の親水性をもつ側鎖は，水と水素結合してタンパク質分子を水になじませる．

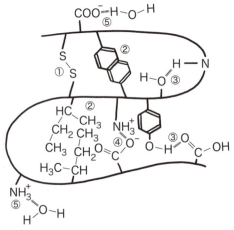

図9.3 タンパク質の三次構造が安定に保たれるしくみ
①ジスルフィド結合で結ばれる．②疎水性の側鎖どうしが集まる．③水素結合で結ばれる．④正電荷をもつ側鎖と負電荷をもつ側鎖が電気的に引き合う．⑤タンパク質の表面では親水性の側鎖が水と水素結合をつくり，タンパク質分子を水になじませる．

(d) 四次構造

複数個のポリペプチドが集まって複合体をつくることがある．この構造を，**四次構造**(quaternary structure)とよぶ．たとえば，血液中での酸素

の運搬にかかわるヘモグロビンは，4個のタンパク質が組み合わさった四次構造をもつ．四次構造を形成するポリペプチドそれぞれを，**サブユニット**（subunit）とよぶ．サブユニットは，同一の場合もあれば，異なる場合もある．

9.4.2 アミノ酸だけでできているか，ほかの要素も組み合わさっているか——単純タンパク質と複合タンパク質

三次構造や四次構造をつくった後で，糖質や色素，核酸，脂質，リン酸などと結合するタンパク質もある．加水分解するとアミノ酸だけが生じるタンパク質を**単純タンパク質**（simple protein），加水分解するとアミノ酸以外の化合物も生じるタンパク質を**複合タンパク質**（conjugated protein）とよぶ．たとえば血液中で酸素の運搬を担っているヘモグロビンは，色素と結合した複合タンパク質である．

ミオグロビンの三次構造

ヘモグロビンの四次構造

図 9.4 タンパク質の三次構造と四次構造

9.4.3 タンパク質を形で区別する——繊維状タンパク質と球状タンパク質

私たちの爪や毛髪をつくっているケラチン，腱や結合組織中のコラーゲン，筋肉組織中のミオシンは**繊維状タンパク質**（fibrous protein）であり，長い繊維のなかに並んでいるポリペプチド鎖からできている．一方，酵素として働くタンパク質のほとんどすべてや，アルブミン，グロブリン，インスリン，抗体などは，**球状タンパク質**（globular protein）であり，一般に水に溶け[*11]，細胞内を移動できる．

[*11] 正確には分子コロイドの「分散」であって「溶ける」ではないが，タンパク質や核酸の場合には両者を厳密に区別しない．

Column　毛髪パーマ

2個のチオール基 −SH から1本のジスルフィド結合 −S−S− が生じる反応は酸化反応であり，このジスルフィド結合は還元されると2個のチオール基に戻る．この反応を利用したものが，毛髪パーマである．

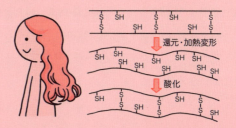

髪の毛はケラチンという細長いタンパク質分子どうしがところどころジスルフィド結合で共有結合した構造になっている．ここに熱をかけながら，還元剤を使ってジスルフィド結合の還元反応をおこなうと，ケラチンが熱で変形すると同時に，ジスルフィド結合が切れて，ケラチンどうしがバラバラになる．ここで酸化剤を使うと，再びチオール基どうしが結合してジスルフィド結合をつくる．そのときに元の相手とは違った部分のチオール基どうしが結合するので，髪の毛を変形させて，固定することができる，というしくみになっている．

9.4.4 タンパク質の反応

(a) タンパク質の塩析

　水溶性タンパク質の水溶液は親水コロイドである．ここに多量の電解質を加えると，水和水が奪われ，塩析を起こして沈殿する．

(b) タンパク質の変性

　熱したフライパンの上に生卵を載せると，透明な卵白が白く固まる．卵白ではタンパク質が水溶液中に分散しているが，加熱するとタンパク質の高次構造を保っている水素結合などが切れ，立体構造が壊れて凝固・沈殿する．この現象をタンパク質の**変性**（denaturation）とよぶ．変性は酸や塩基，アルコール，重金属イオンなどを加えた場合にも生じる．いったん変性したタンパク質は，元の状態に戻らないことが多い．

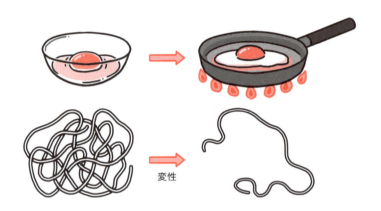

9.5 触媒として働くタンパク質

[*12] 生体中には触媒機能をもつ RNA（リボザイム）も存在し，これらも酵素に含めるので，「酵素ならタンパク質」というわけではない．また，触媒作用をもつ DNA も人工的に合成されている．

　生体内における化学反応において触媒として働く生体分子が**酵素**（enzyme）である．ほとんどの酵素がタンパク質であり[*12]，われわれの体内には 3,000 種類以上の酵素がみつかっている．

Column　秩序正しい立体構造をもたないタンパク質

　タンパク質は秩序正しい立体構造をもち，何らかの機能をもつものであるという考え方が長く共有されてきたが，21 世紀になってから，特異的な構造をもたないタンパク質が次つぎと発見されてきた．これを**天然変性タンパク質**（intrinsically disordered protein）とよぶ．がんやアルツハイマー病，パーキンソン病，狂牛病などの疾患に，天然変性タンパク質がかかわっている場合があることがわかってきている．

表9.2 わたしたちの体内にある酵素

分 類	名 称	基 質	生成物	所 在
糖類加水分解酵素	アミラーゼ	デンプン	マルトース	唾液, 膵液
	マルターゼ	マルトース	グルコース	唾液, 膵液, 腸液
	スクラーゼ	スクロース	グルコース＋フルクトース	腸液
	ラクタマーゼ	ラクトース	グルコース＋ラクトース	腸液
エステル加水分解酵素	リパーゼ	脂肪	脂肪酸＋モノグリセリド[*1]	胃液, 膵液
タンパク質分解酵素	ペプシン	タンパク質	ペプチド	胃液
	トリプシン	タンパク質	ペプチド	膵液
酸化還元酵素	カタラーゼ	過酸化水素	酸素＋水	肝臓, 血液

*1

脂肪　　　　　　　　　脂肪酸　　モノグリセリド

(a) 酵素は特定の物質にだけ働く——基質特異性

　酵素は特定の物質にだけ作用する．酵素が作用する物質を**基質**（substrate）とよぶ．たとえば，私たちの唾液に含まれる酵素アミラーゼはデンプンを加水分解するが，タンパク質は加水分解できない．この性質を酵素の**基質特異性**（substrate specificity）とよぶ．酵素は基質と結合する部位をもつ．これを**活性部位**（active center）や活性中心とよぶ．活性部位には，その立体構造と適合する基質だけが結合し，酵素の作用を受ける（図9.5）．基質と活性中心の関係は鍵と鍵穴の関係に似ている．

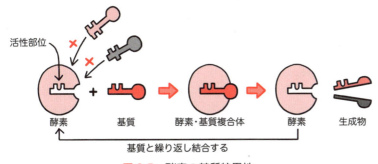

図9.5　酵素の基質特異性

(b) 酵素は特定の温度で働く——最適温度

　酵素にはもっともよく働く温度がある．この温度を**最適温度**（optimum temperature）とよぶ．通常は35〜40℃である．一般的な化学反応では，反応温度を高温にすると反応速度が大きくなる．しかし酵素反応では，ある温度を超えると反応速度が急激に低下する．これは高温にするとタンパク質が変性してしまい，活性を失うからである．酵素が活性を失うことを，**失活**（deactivation）とよぶ．多くの酵素は60℃程度で失活する．

(c) 酵素は特定のpHで働く——最適pH

酵素の活性は水溶液のpHの影響を受ける．酵素がもっともよく働くpHを，**最適pH**（optimum pH）とよぶ．水溶液のpHが変わると，活性部位の残基の電荷が影響を受け（たとえば酸性アミノ酸残基の-COO⁻が-COOHになる），これが酵素の働きに影響をおよぼす．多くの酵素の最適pHは7付近だが，胃液中のペプシンはpH 2付近，膵液中のトリプシンはpH 8付近が最適pHである．

例題9.3 タンパク質がどのようなアミノ酸から構成されているかを分析する方法として，タンパク質を完全に加水分解し，得られるアミノ酸混合物中のアミノ酸それぞれを定量する方法が用いられる．しかし，この方法ではグルタミンとグルタミン酸を区別することができない．その理由を述べよ．グルタミンおよびグルタミン酸の構造を，次に示す．

解答9.3 タンパク質を加水分解する際に，グルタミンの側鎖のアミド結合も加水分解され，グルタミン酸になり，区別できなくなるから．

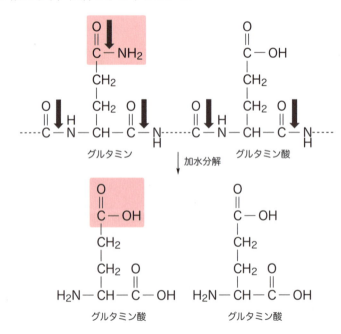

同じ理由により，この方法ではアスパラギンとアスパラギン酸を区別することもできない．

$$
\begin{array}{cc}
\begin{matrix}
\text{O} \\
\parallel \\
\text{C}-\text{NH}_2 \\
\mid \\
\text{CH}_2 \quad\; \text{O} \\
\mid \qquad \parallel \\
\text{H}_2\text{N}-\text{CH}-\text{C}-\text{OH}
\end{matrix}
&
\begin{matrix}
\text{O} \\
\parallel \\
\text{C}-\text{OH} \\
\mid \\
\text{CH}_2 \quad\; \text{O} \\
\mid \qquad \parallel \\
\text{H}_2\text{N}-\text{CH}-\text{C}-\text{OH}
\end{matrix} \\
\text{アスパラギン} & \text{アスパラギン酸}
\end{array}
$$

9.6　アミノ酸がつながって酵素になるまで

　ここまで学んできたとおり，タンパク質の一次構造はアミノ酸配列，二次構造は α–ヘリックスや β–シートといった部分的な構造，三次構造はタンパク質分子全体の立体構造である．これがそのまま何かの機能をもつタンパク質（たとえば酵素）になる場合もあれば（四次構造を形成しない単純タンパク質），複合体を形成する（四次構造の形成），ほかの分子と結合する（複合タンパク質），またはその両方を経てから機能をもつタンパク質になる場合もある．タンパク質ならポリペプチドが深く関係するが，ポリペプチドならタンパク質として機能するというわけではない．仮に数百個のアミノ酸の配列を考えて，そのとおりにポリペプチドを合成したとしても（アミノ酸を任意の順序でつないでポリペプチドを化学合成することはできる，13 章で学ぶ），ほぼ確実に，これは何かの機能を示すタンパク質にはならない．このポリペプチド鎖は秩序正しい立体構造をもつこともなければ，何かの機能を発揮することもできないだろう．天然のタンパク質がもたない，望ましい機能をもつタンパク質を手に入れるために必要なアミノ酸配列を求める技術をまだ人類は手にしていない．

✓　9 章のまとめ

- □　アミノ基とカルボキシ基を併せもつ化合物がアミノ酸である．
- □　同一の炭素原子（α 炭素）にアミノ基とカルボキシ基が結合しているアミノ酸が α–アミノ酸である．
- □　生理的 pH の水溶液中において，アミノ酸は正・負の電荷を併せもつ双性イオンとして存在する．
- □　陽イオンや双性イオン，陰イオンの電荷の総和が全体として 0 になる pH がそのアミノ酸の等電点 pI である．
- □　アミノ酸が脱水縮合してつながった分子がペプチドである．
- □　アミノ酸どうしの脱水縮合で生じるアミド結合がペプチド結合である．
- □　数個のアミノ酸が脱水縮合したペプチドがオリゴペプチド，数十個以上のアミノ酸が脱水縮合したペプチドがポリペプチドである．

- ペプチド内に組み込まれたアミノ酸単位が残基．ペプチド両末端のうち，α炭素のアミノ基を残した側がN末端，カルボキシ基を残した側がC末端である．
- ポリペプチドを主要な構成要素とし，秩序正しい立体構造をもち，何らかの機能をもつ物質がタンパク質である．
- タンパク質中のポリペプチドは，20種類のアミノ酸が脱水縮合でつながったものである．
- ポリペプチドを構成するアミノ酸残基の配列が，一次構造である．一次構造は，N末端側からC末端側に向けて記す．
- ポリペプチド鎖がつくる，比較的短い範囲で繰り返される規則正しい立体構造が二次構造であり，おもにα–ヘリックスとβ–シートを指す．
- ポリペプチド鎖が折りたたまれてできる，分子全体の三次元構造が三次構造である．
- 複数個のポリペプチドが集まって形成する複合体が，四次構造であり，四次構造を形成するポリペプチドをサブユニットとよぶ．
- 生体内における化学反応において触媒として働く生体分子が酵素であり，そのほとんどがタンパク質である．
- 酵素には基質特異性，最適温度，最適pHがある．

章末問題

1. アラニン（Ala）とセリン（Ser）を1個ずつ，バリン（Val）を2個含むペプチドは何通り考えられるか．
2. 表9.1を見ながら，次の3文字表記で記されたペプチドの構造式を記せ．
　　（1）Phe-Glu-Val　　　（2）Ala-Trp-Ser-Ala　　　（3）Cys-Tyr-Ile-Gln-Asn
3. 表9.1を見ながら，次のペプチドのアミノ酸残基配列を3文字表記の組合せで表せ．

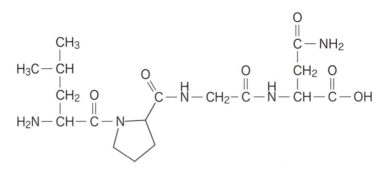

4. 次のペプチドが加水分解されて生じるアミノ酸の構造を記せ．

5. タンパク質の一次構造，二次構造，三次構造，四次構造がどのようなものか説明せよ．
6. 私たちの体内にある酵素3つを選び，名称，基質となる物質，所在を述べよ．

chap 10 DNA・RNA・遺伝暗号
核酸の化学

本章のねらい

1. 核酸塩基，糖，リン酸の組合せとしての核酸の構造を説明できる．
2. DNA と RNA の違いを説明できる．
3. DNA の複製のしくみを説明できる．
4. おもな RNA の種類と機能について説明できる．
5. 遺伝情報の流れについてのセントラルドグマについて説明できる．

10.1 DNA

　自然科学にまったく関心をもっていない人びとでも，**DNA（デオキシリボ核酸**，deoxyribonucleic acid）という言葉は必ずどこかで聞いたことがあるだろうし，それが遺伝に関係する何からしい，ということまでは知っていることだろう．DNA はすべての細胞がもつ高分子である[*1]．この分子の構造式の一部を図 10.1 に示す．

[*1] 例外もある．たとえばほ乳類の成熟した赤血球細胞内には，DNA がない．

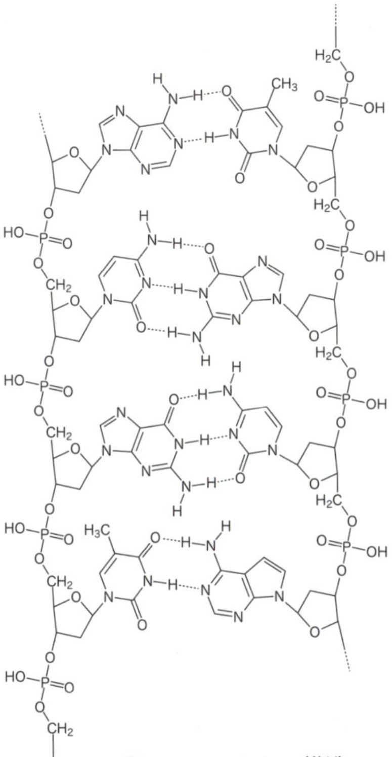

図 10.1　DNA の構造

142 　10章　DNA・RNA・遺伝暗号

*2　この章でもさまざまな化合物が登場するが，構造を暗記することよりも，有機化合物がどのように生命現象に関係しているのかに注目して学んでいくことをおすすめする．

*3　いずれもアミノ酸の一文字表記でも使われているものなので，略すときには混乱を招かないように断っておく必要がある．

初めてこの構造式を見た場合，何がどうなっているのかわからないだろうし，なぜこの構造が遺伝に関係するのかもわからないだろう．そこで，この複雑な構造がどのように組み立てられているのかを一段階ずつ考えていく．

10.1.1　核酸塩基

DNA は，**核酸塩基**（nucleobase），デオキシリボース（糖質の一種），リン酸が組み合わさった高分子である[*2]．核酸塩基に分類される化合物は多数あるが，そのうちの 4 種類が DNA に組み込まれおり（図 10.2），それぞれ A，G，C，T と略すことがある[*3]．

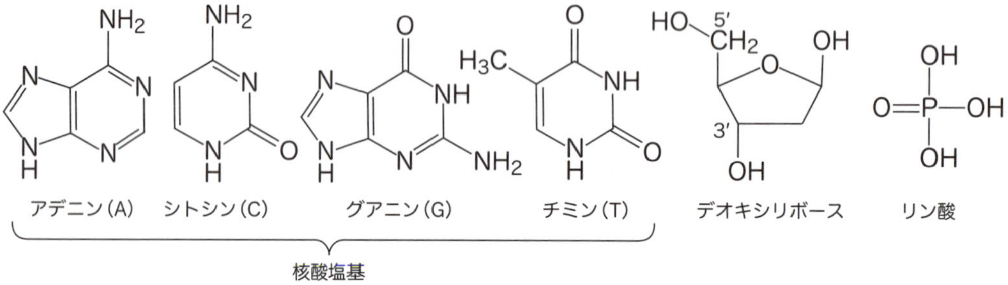

図 10.2　DNA を構成する要素

アデニン（A），グアニン（G），シトシン（C），チミン（T）の 4 種類の塩基，デオキシリボース，リン酸が DNA を構成する．デオキシリボースの 3′ および 5′ は，この化合物中の炭素原子 C の位置を区別するための番号である．

10.1.2　核酸塩基に糖がつく——ヌクレオシド

塩基と糖が結合した化合物を，**ヌクレオシド**（nucleoside）とよぶ．DNA の場合，4 種類の核酸塩基のどれかひとつと，デオキシリボースが結合している．これを**デオキシリボヌクレオシド**（deoxyribonucleoside）とよぶ（図 10.3）．

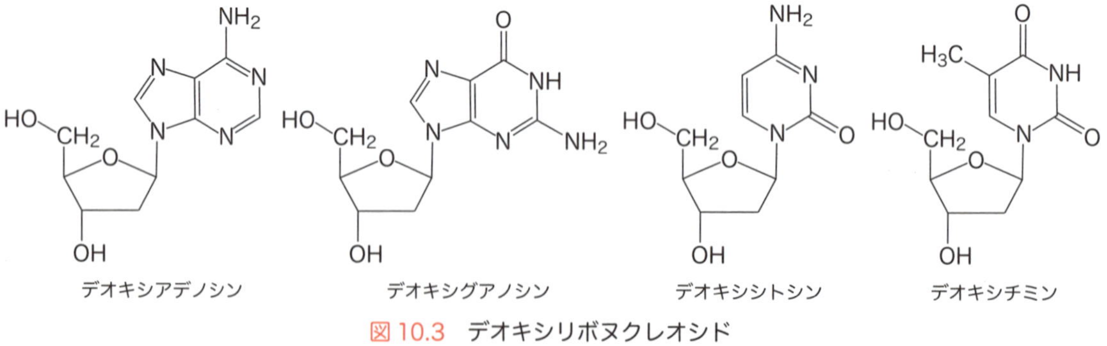

図 10.3　デオキシリボヌクレオシド

デオキシアデノシン，デオキシグアノシン，デオキシシトシン，デオキシチミジン．

10.1.3　ヌクレオシドにリン酸がつく——ヌクレオチド

ヌクレオシドにリン酸が結合した物質を，**ヌクレオチド**（nucleotide）と

よぶ．デオキシリボースを含む場合には，**デオキシリボヌクレオチド**（deoxyribonucleotide）とよぶ[*4]．リン酸は，1個，2個，3個結合したものがある．たとえば，核酸塩基としてアデニン（A）を含むヌクレオチドには，次の3種類のものがある．

*4　リボ（ribo）が略され，デオキシヌクレオチド（deoxynucleotide）とされることもある．

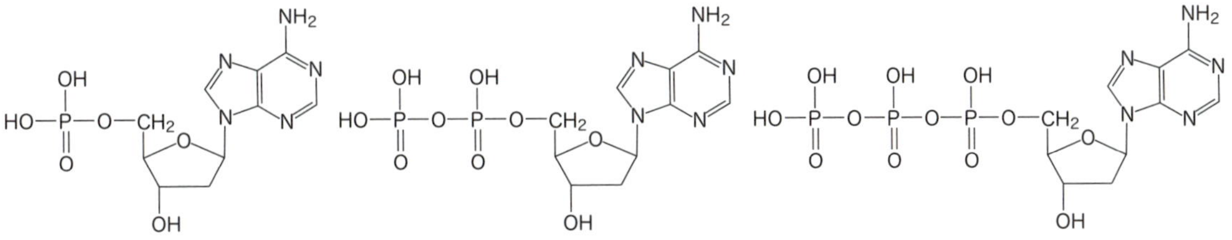

デオキシアデノシン一リン酸
（dAMP）

デオキシアデノシン二リン酸
（dADP）

デオキシアデノシン三リン酸
（dATP）

図10.4　デオキシリボヌクレオチド
核酸塩基がアデニンの場合，リン酸が1個のものをデオキシアデノシン一リン酸（AMP），リン酸が2個のものをデオキシアデノシン二リン酸（ADP），リン酸が3個のものをデオキシアデノシン三リン酸（ATP）とよぶ．核酸塩基としてグアニン（G），シトシン（C），チミン（T）をもつものについても同様の化合物が存在する．

デオキシリボヌクレオシドにリン酸が1個結合したものを，デオキシリボヌクレオシド一リン酸，2個結合したものをデオキシリボヌクレオシド二リン酸，3個結合したものをデオキシリボヌクレオシド三リン酸とよぶ．たとえば核酸塩基がアデニン（A）の場合，デオキシアデノシン一リン酸（deoxyadenosine monophosphate），デオキシアデノシン二リン酸（deoxyadenosine diphosphate），デオキシアデノシン三リン酸（deoxyadenosine triphosphate）となる．それぞれ dAMP，dADP，dATP と略す．

10.1.4　ヌクレオチドがつながる——ポリヌクレオチド

ヌクレオチドが脱水縮合によりつながった構造の高分子を，**ポリヌクレオチド**（polynucleotide）とよぶ．DNA は，4種類のデオキシリボヌクレオシド三リン酸（dATP，dCTP，dGTP，dTTP）が脱水縮合してつながったポリヌクレオチドである．ポリヌクレオチド中における4種類のヌクレオチドの並び順を**塩基配列**（nucleotide sequence）とよぶ[*5]．これが DNA に記録されている生物の遺伝情報である．この並び順を記すときは，DNA の 5′ 末端[*6]から 3′ 末端に向かって A，C，G，T の4文字を使う[*7]．この向きは，細胞内において DNA が合成され，鎖が伸びていくときの向きである．

*5　ヌクレオチド配列のことを塩基配列とよぶ習慣になっている．

*6　5′ や 3′ の「′」は，プライム（prime）と読む．

*7　ペプチドを N 末端から C 末端に向けて読むのと同じである．

> **例題 10.1**　図10.1 の左側の DNA 鎖では核酸塩基がどのように並んでいるか．5′ 末端から 3′ 末端に向けてアルファベット4文字で述べよ．図2を参考にしてよい．
>
> **解答 10.1**　5′-ACGT-3′

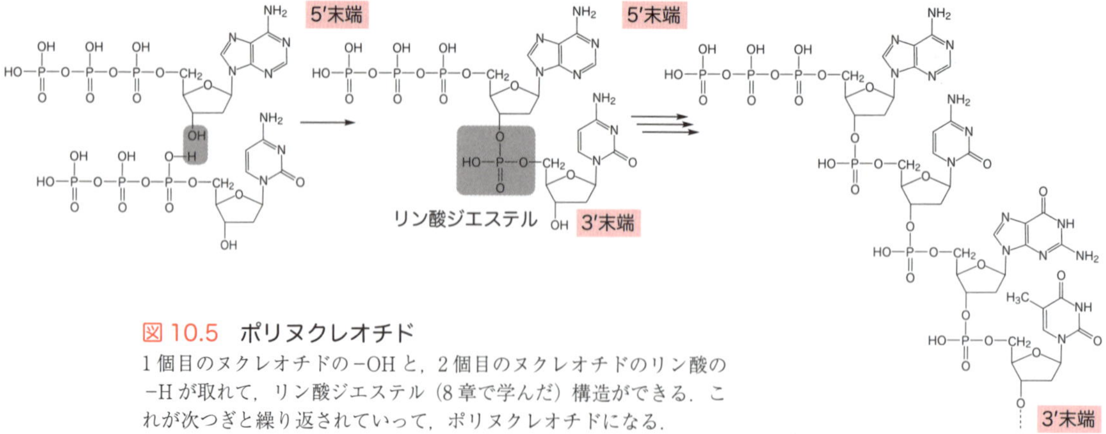

144　10章　DNA・RNA・遺伝暗号

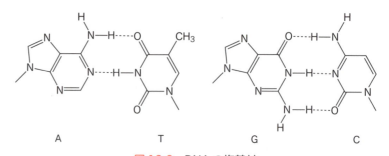

図 10.5　ポリヌクレオチド
1個目のヌクレオチドの −OH と，2個目のヌクレオチドのリン酸の −H が取れて，リン酸ジエステル（8章で学んだ）構造ができる．これが次つぎと繰り返されていって，ポリヌクレオチドになる．

10.1.5　らせん階段の分子――DNA 二重らせん構造

　生体中の DNA は二本鎖構造となっている．2本の分子鎖は，核酸塩基部分どうしの水素結合によって結ばれており，アデニン（A）とチミン（T），グアニン（G）とシトシン（C）が対になっている．このような核酸塩基どうしの関係を，**相補性**（complementarity）とよび，核酸塩基の対を DNA の**塩基対**（base pair）とよぶ．

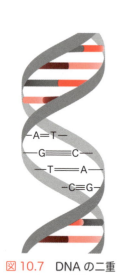

図 10.7　DNA の二重らせん構造
2本の分子鎖が核酸塩基どうしの水素結合によって結ばれている．

図 10.6　DNA の塩基対
A と T，G と C が対になる．これを相補性とよぶ．対になったものを塩基対とよぶ．A と T は2本の，G と C は3本の水素結合で結ばれる．

　核酸塩基どうしの水素結合で組み合わさった二本鎖は，右巻きのらせん構造をとっている．これを DNA の**二重らせん**（double helix）とよぶ．DNA に含まれる核酸塩基の組成は，生物種によって異なる．しかし，相補性があるため，A と T，C と G は同量含まれる．

10.1.6　DNA がコピーされるとき――DNA の半保存的複製

　細胞が分裂して新しい細胞ができるとき，元の DNA 鎖とまったく同じ DNA 鎖がもう1本つくられる．これを DNA の**複製**（replication）とよぶ．まず DNA の二本鎖の一部がほどけ，それぞれ1本のポリヌクレオチド鎖になる．そしてそれぞれの分子鎖の A，C，G，T に対して dTTP，dGTP，dCTP，dATP がそれぞれ水素結合により結びつく（図 10.8）．続いて，隣り合うヌクレオチドどうしが，DNA 合成酵素 **DNA ポリメラーゼ**（DNA polymerase）が触媒する脱水縮合でつながり，元の DNA 鎖とまったく同じ新しい DNA 鎖が 2 組できる．

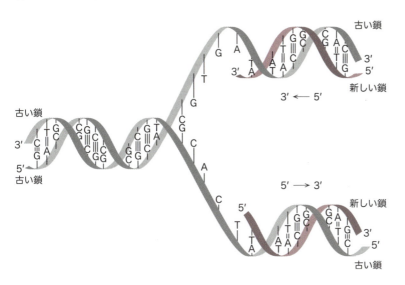

図 10.8　DNA の複製
DNA の二本鎖の一部がほどけ，2 本の一本鎖 DNA となり，それぞれを鋳型にして新しい DNA 鎖が合成されていく．合成は鋳型を $3'$ から $5'$ 方向に読みながら進む．すなわち，新しい鎖が $5'$ から $3'$ に向けて伸びていく．

Column　有機化学から考える生物進化

5 章で学んだケト–エノール互変異性を思い出していただきたい．

　ケト型　　　　　エノール型

これと同じことが DNA 分子内の核酸塩基でも生じている．たとえばチミン（T）にはケト型のものとエノール型のものがある．この平衡はケト型に偏っており，このときの T は A と塩基対をつくるが，エノール型の構造をもつ T は G と塩基対をつくる．

　細胞内には，これを修正するしくみも備わっているが，この段階をすり抜け，新しく合成される DNA 鎖に，本来とは異なったヌクレオチドが組み込まれることがある．これが繰り返されていくことも，生物が進化するひとつのしくみと考えられている．

　ケト型チミン（T）　　アデニン（A）　　　エノール型チミン（T）　　グアニン（G）
　　　　本来の組み合わせ　　　　　　　　　　　ごく稀に生じる組み合わせ

新しくできる二本鎖 DNA は元の DNA 鎖 1 本と新しい DNA 鎖 1 本からできているので，この過程を DNA の**半保存的複製**（semiconservative replication）とよぶ（図 10.9）．

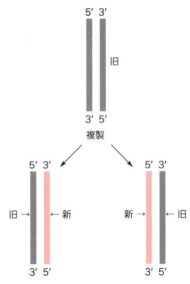

図 10.9　DNA の半保存的複製
新しくできる二本鎖 DNA は，元の DNA 鎖 1 本と新しい DNA 鎖 1 本からできている．

再び図 10.1 を見てほしい．本章を読みはじめたときよりも，この構造からさまざまなものごとが読み取れるようになったのではないだろうか．

例題 10.2　次の塩基配列の相補的配列を 5′ 側から記せ．

5′-ATGCTTCGATAGCT-3′

解答 10.2　5′-AGCTATCGAAGCAT-3′

10.2　RNA
もうひとつの核酸

細胞内には DNA とよく似た**リボ核酸**（ribonucleic acid, **RNA**）というポリヌクレオチドもある．DNA と RNA を**核酸**（nucleic acid）とよぶ．DNA と RNA では，以下の 3 点に違いがある（図 10.10）．

(1) DNA にはデオキシリボースが含まれているが，RNA にはリボースが含まれている．

(2) DNA の核酸塩基にはチミン（T）が含まれているが，RNA では代わりにウラシル（U）が含まれている[*8]．

[*8] 分子鎖に組み込まれたウラシルが，酵素の働きでチミンに変わる場合がある．

10.2 RNA

(3) DNA は二本鎖構造だが，ほとんどの RNA は一本鎖構造である[*9]．

*9 20世紀の終わりに，短い二本鎖 RNA が細胞内に存在することがわかった．

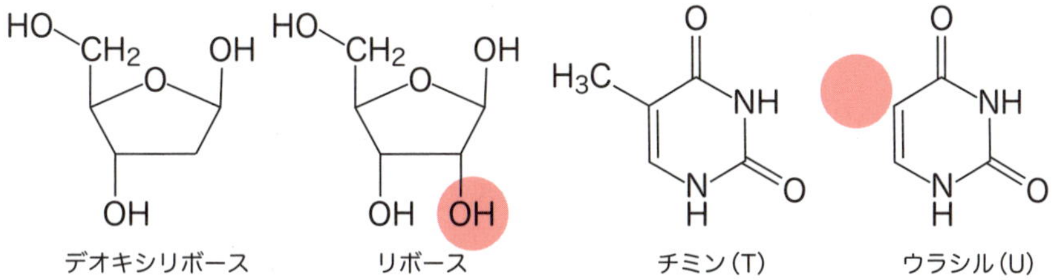

図 10.10　DNA と RNA との違い

DNA ではデオキシリボースが使われているが，RNA ではリボースが使われている．また，DNA では核酸塩基のひとつにチミンが使われているが，RNA は合成時にチミンではなくウラシルを含むヌクレオチドが使われる．

デオキシリボヌクレオシドおよびデオキシリボヌクレオチドのデオキシリボースがリボースになったものを，それぞれ**リボヌクレオシド**（ribonucleoside）および**リボヌクレオチド**（ribonucleotide）とよぶ（図 10.11）．リボヌクレオチドの名称は，たとえば核酸塩基がアデニン（A）の場合，アデノシン一リン酸（<u>a</u>denosine <u>m</u>ono<u>p</u>hosphate），アデノシン二リン酸（<u>a</u>denosine <u>d</u>i<u>p</u>hosphate），アデノシン三リン酸（<u>a</u>denosine <u>t</u>ri<u>p</u>hosphate）となる．それぞれ AMP，ADP，ATP と略す．

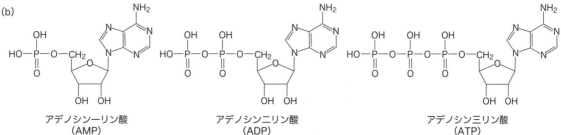

図 10.11　リボヌクレオシドとリボヌクレオチド

(a) リボヌクレオシド：アデノシン，グアノシン，シチシン，ウリジン．(b) リボヌクレオチド：核酸塩基がアデニンの場合，リン酸が1個のものをアデノシン一リン酸（AMP），リン酸が2個のものをアデノシン二リン酸（ADP），リン酸が3個のものをアデノシン三リン酸（ATP）とよぶ．核酸塩基としてグアニン（G），シチシン（C），ウラシル（U）をもつものについても，同様の化合物が存在する．

リボ核酸には，タンパク質合成にかかわる遺伝情報の伝達にかかわる**メッセンジャー RNA**（messenger RNA，**mRNA**）[*10]と，mRNA 以外の

*10 伝令 RNA とよぶこともある．

ノンコーディング RNA（non-coding RNA, **ncRNA**）がある．代表的な ncRNA には，**トランスファー RNA**（transfer RNA, **tRNA**）[*11] と **リボソーム RNA**（ribosomal RNA, **rRNA**）がある（図 10.12）．

[*11] 転移 RNA や運搬 RNA とよぶこともある．

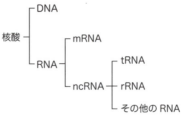

図 10.12 核酸の分類

10.2.1 遺伝情報はどのように伝わるのか ――分子生物学のセントラルドグマ

9 章で，タンパク質のポリペプチド鎖は，アミノ酸が決まった順序でつながったものであることを学んだ．この順序，すなわちタンパク質の一次構造は，DNA に塩基配列として記録されている．タンパク質が合成されるとき，DNA に記録された遺伝情報が，いったん mRNA に写しとられてからアミノ酸配列に変換される．遺伝情報は DNA から RNA を経てタンパク質に伝えられる，という考えを**分子生物学のセントラルドグマ**（central dogma of molecular biology）とよぶ（図 10.13）．

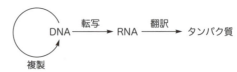

図 10.13 分子生物学のセントラルドグマ
遺伝情報は DNA から RNA を経てタンパク質に伝えられる．

(a) 遺伝情報はメッセンジャー RNA に写し取られる――転写

タンパク質のアミノ酸配列をコードした部分を写し取った RNA が合成される過程を，**転写**（transcription）とよぶ．DNA 二本鎖の一部がほどけ，そのうちの 1 本の核酸塩基 A, C, G, T に対して，UTP, GTP, CTP, ATP がそれぞれ水素結合により結びつく．続いて，隣り合うヌクレオチドどうしが，RNA 合成酵素 **RNA ポリメラーゼ**（RNA polymerase）が触媒する脱水縮合でつながり，mRNA となる（図 10.13）．転写されるのは DNA の 1 本の鎖だけで，どちらの鎖が転写されるのかは，遺伝子ごとに決まっている．また真核生物[*12] では，合成された RNA から不要な部分が取り除かれ，必要な部分がつなぎ合わされて mRNA となる．この過程を**スプライシング**（splicing）とよぶ．

[*12] 細胞内に細胞核をもつ生物．私たち人間を含め，動物や植物は真核生物である．一方，大腸菌や乳酸菌のように細胞核をもたない生物は，原核生物とよぶ．

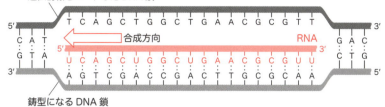

図 10.14　転　写

DNA 二本鎖の一部がほどけ，そのうちの 1 本の塩基配列に対して相補的なヌクレオチドがつながって RNA が合成される．

(b) mRNA に写し取られた情報に従ってタンパク質がつくられる場所 ——リボソーム

　mRNA が合成されると，続いて mRNA の塩基配列に対応したアミノ酸が順につながる．この過程を，**翻訳**（translation）とよぶ．翻訳の過程は，**リボソーム**（ribosome）という構造体でおこなわれる．リボソームは，3 本または 4 本の rRNA と，約 50 個から 80 個のタンパク質が組み合わさった巨大な複合体である[*13]．

　翻訳がおこなわれるとき，mRNA 内の連続した 3 個の核酸塩基が，それぞれ特定のアミノ酸を指定する．たとえば 5′-UUC-3′ はフェニルアラニンを指定する．この RNA の核酸塩基 3 つの配列を，**コドン**（codon）とよび，すべての生物において共通している（表 10.1）[*14]．3 つの終始コドンは，この位置で読み取り終了を意味する．

[*13] 大腸菌のリボソームは，3 本の rRNA と約 50 個のタンパク質から構成されており，直径は約 20 nm，質量は 2.7 MDa である．ほ乳類のリボソームは 4 本の rRNA と約 80 個のタンパク質から構成されており，直径は約 30 nm，質量は 4.6 MDa である．Da は分子の質量をあらわす単位で，^{12}C が 12 Da である．

[*14] 一部の生物や細胞内小器官において，この遺伝暗号表に従わない場合が見つかっている．

Column　調味料となるヌクレオチド

　グルタミン酸，グアニル酸，イノシン酸は 3 大うま味成分とよばれる．グルタミン酸はタンパク質を構成する 20 種類のアミノ酸のひとつであり，味噌や昆布に多く含まれている[*15]．グアニル酸はグアノシン一リン酸（GMP），イノシン酸はイノシン一リン酸であり，ともにヌクレオチドである．グアニル酸は干し椎茸に，イノシン酸は鰹節に多く含まれている．

[*15] グルタミン酸は 2 章でも紹介した．うま味があるのは L-グルタミン酸であり，D-グルタミン酸は無味である．

グルタミン酸　　　グアニル酸　　　イノシン酸

表 10.1　遺伝暗号表

1番目 の塩基	2番目の塩基				3番目 の塩基
	U	C	A	G	
U	フェニルアラニン フェニルアラニン ロイシン ロイシン	セリン セリン セリン セリン	チロシン チロシン (終止) (終止)	システイン システイン (終止) トリプトファン	U C A G
C	ロイシン ロイシン ロイシン ロイシン	プロリン プロリン プロリン プロリン	ヒスチジン ヒスチジン グルタミン グルタミン	アルギニン アルギニン アルギニン アルギニン	U C A G
A	イソロイシン イソロイシン イソロイシン メチオニン(開始)	トレオニン トレオニン トレオニン トレオニン	アスパラギン アスパラギン リシン リシン	セリン セリン アルギニン アルギニン	U C A G
G	バリン バリン バリン バリン	アラニン アラニン アラニン アラニン	アスパラギン酸 アスパラギン酸 グルタミン酸 グルタミン酸	グリシン グリシン グリシン グリシン	U C A G

(c) どこから読みはじめるか・どこで読み終えるか

　DNA にコードされている情報は，タンパク質のアミノ酸配列だけではない．RNA 合成酵素が RNA をどこから読み取り始め，どこで読み取り終えるのかも，塩基配列としてコードされている．また，転写された後の mRNA をリボソームがどこから読み取り始めるのかもコードされている．ほかにも DNA には，転写や翻訳の開始や終了に関係するさまざまな制御配列がコードされている．

10.2.2　アミノ酸を運ぶ RNA——tRNA

　リボソームにアミノ酸を運ぶ役割を担っているのが，tRNA である．ほとんどの tRNA は，約 80 ヌクレオチドの鎖長をもつ．tRNA 分子の 3′ 末端にはアミノ酸が共有結合している．tRNA はその塩基配列のなかに，結合しているアミノ酸の種類に応じた特定の塩基配列をもっている．これを，**アンチコドン**(anticodon)とよぶ．たとえば mRNA のコドンが 5′–UUC–3′ となっている箇所（このコドンはフェニルアラニンに対応する．表 10.1 参照）には，アンチコドンが 5′–GAA–3′ となっている tRNA が結合する．この tRNA の 3′ 末端には，フェニルアラニンが結合している．

10.2.3　アミノ酸どうしをつなげる RNA——rRNA

　リボソームにおいて mRNA のコドンと tRNA のアンチコドンは水素結合をつくる．mRNA 上の連続したコドンが読まれていくにつれて，異なる tRNA がそれぞれ正しいアミノ酸を運んでくる．運ばれてきたアミノ酸は次つぎとつながってポリペプチド鎖になっていく．リボソームにおい

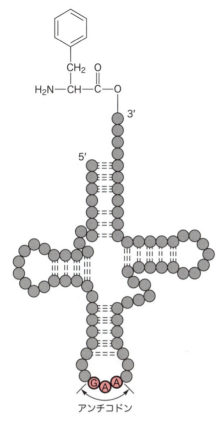

図 10.15　tRNA の構造
tRNA は分子内で水素結合をつくり，クローバーの葉に似た形の構造をつくる（これはさらに折れたたまれる）．3′ 末端にはアミノ酸を共有結合している．アンチコドンの 5′-GAA-3′ は，この tRNA がフェニルアラニンを運んでいることを示している．

て，アミノ酸とアミノ酸とを連結する反応を触媒しているのはタンパク質ではなく，rRNA である．rRNA は触媒活性をもつ RNA，すなわち**リボザイム**（ribozyme）のひとつである．

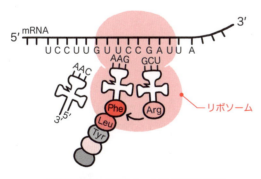

図 10.16　リボソームにおける翻訳
mRNA のコドンの塩基配列は，それと水素結合をつくるアンチコドンをもつ tRNA によって認識される．tRNA が運んできたアミノ酸は，次つぎとつながっていき，ポリペプチド鎖が伸びていく．

> **例題 10.3** 表 10.1 を参考にして，次の mRNA がコードしているアミノ酸配列を答えよ．
>
> 5′–CUA ACU AGC GGG UGG CCG–3′
>
> **解答 10.3** Leu-Thr-Ser-Gly-Ser-Pro

10.2.4 コドンの数よりも少ない種類の tRNA でコドンを読む ——ゆらぎ塩基対

表 10.1 には 64 個のコドンが記されている．このうち翻訳停止を意味する 3 個[*16] を除いた 61 個がアミノ酸を指定している．そう考えると，61 種類の tRNA が必要だと考えられそうだが，実際には細胞内には 61 種類の tRNA は存在しておらず[*17]，ひとつの tRNA が複数のコドンを識別していることがある．これはどのようなしくみになっているのだろうか？

[*16] 終止コドンは，これを読み取るタンパク質がある．

[*17] 大腸菌では 31 種類，ヒトでは 48 種類である．

(a) アンチコドンの G が C だけでなく U も読む

たとえばフェニルアラニンのコドンには 5′–UU<u>U</u>–3′ と 5′–UU<u>C</u>–3′ の 2 つがあるが，リボソーム中ではどちらにも同じ tRNA が結合する．この tRNA のアンチコドンは 5′–<u>G</u>AA–3′ である．この tRNA では，アンチコドン 1 文字目の G が，C だけでもなく U とも結合可能なのである（図 10.17）．

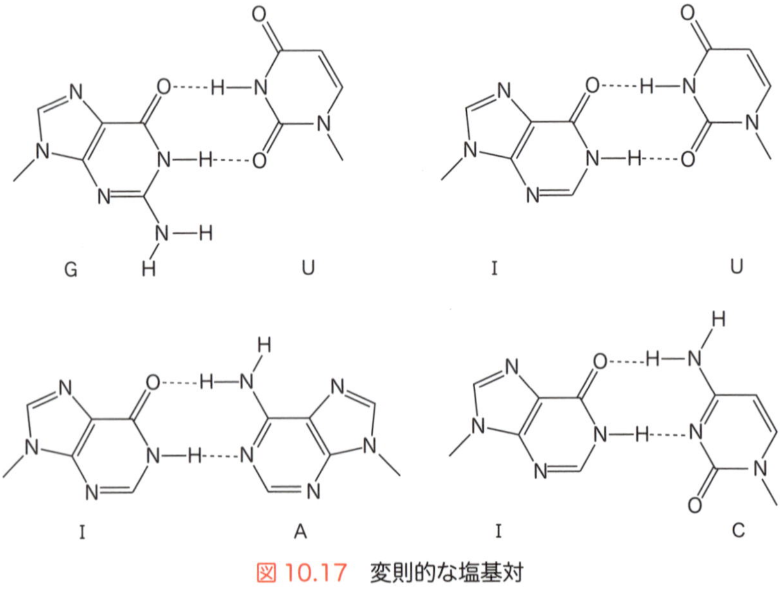

図 10.17 変則的な塩基対
コドン 3 文字目とアンチコドン 1 文字目の間では，通常の A=T，G≡C 以外の塩基対がつくられることがある．I はイノシンである．

(b) アンチコドンの I が A，C，U のいずれとも塩基対をつくる

アンチコドン 1 文字目にイノシン（I）を組み込んだ tRNA がある．イノ

シンは，A, C, Uのいずれとも塩基対をつくる（図10.17）．このように，コドン1文字目と2文字目が同じ場合，3文字目が異なっていても同じアミノ酸に対応することが多い．mRNAのコドンとtRNAのアンチコドンの間で生じる，図10.17のような変則的な塩基対を，**ゆらぎ塩基対**（wobble base pair）とよぶ．

10.2.5　RNAは合成されてから改造されることがある ——修飾塩基

tRNAに含まれるイノシンは，tRNAがDNAから転写されてつくられた後に，アデニンに酵素が働いてつくられたものである．tRNA分子を構成するヌクレオチドのうち，10個に1個程度の割合で修飾が施される．これまでにさまざまな生物のtRNAから100種類を超える修飾が発見されている（図10.18）[*18]．また，rRNAやmRNAからも，修飾を施された核酸塩基が見つかっている．

*18　ウラシル（U）にメチル基 CH_3- が取りつけられてチミン（T）になる修飾もある．このため，RNA分子内にチミンは存在しないという説明は，厳密には誤りである．転写によってRNAが合成されるときに，チミンを含む単量体が使われないだけである．

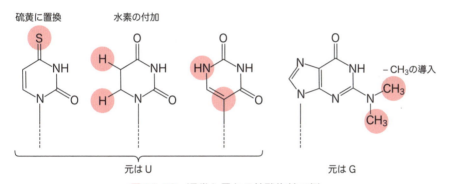

図10.18　通常と異なる核酸塩基の例

10.3　ウイルスの遺伝情報系

動物も植物も，大腸菌もカビも，DNAに遺伝情報をコードし，セントラルドグマに従った流れでタンパク質を合成するしくみは共通である．しかし，ウイルス[*19]の場合にはこのしくみが異なる場合がある．

*19　ウイルスは生物とみなさず物質とみなすことが一般的である．人間には，ウイルスを構成する化合物を再構築してウイルスに戻すことはできるが，細胞を構成する化合物を再構築して細胞に戻すことには，まだ成功していない．

10.3.1　ウイルスの遺伝物質いろいろ

ウイルスには遺伝物質としてDNAをもつものとRNAをもつものがあり，それぞれ一本鎖のものをもつものと，二本鎖のものをもつものがある（表10.2）．

表10.2　ウイルスが遺伝情報をコードする分子として利用している核酸

	DNA	RNA
一本鎖	りんご病	HIV，インフルエンザ，狂犬病，風疹，2019新型コロナ
二本鎖	天然痘，水痘	ロタウイルス（乳幼児の下痢症）

10.3.2　RNAからRNAを合成する──RNA複製

2019年以降の人類を苦しめてきた新型コロナウイルスの場合，一本鎖RNAを遺伝物質としてもち，ここにコードされている情報を感染先の細胞で翻訳させる．そのなかに，RNAからRNAを複製する**RNA複製酵素**（RNA replicase）があり，これを使ってDNAとは関係なくRNAを複製する．

10.3.3　RNAからDNAを合成する──逆転写

RNAからDNAを合成する酵素の遺伝子をもつウイルスもある．RNAの塩基配列に基づいてDNAを合成する反応を，**逆転写**（reverse transcription）とよび，この反応を触媒する酵素を**逆転写酵素**（reverse transcriptase）とよぶ．エイズを引き起こすヒト免疫不全ウイルス（HIV）は，遺伝物質として二本鎖RNAをもち，ここには逆転写酵素がコードされている．感染先の細胞で逆転写酵素がつくられ，これによってRNAからDNAが合成され，ここからセントラルドグマに従って転写と翻訳がおこなわれる．

10.4　エネルギー貯蔵物質 ATP

RNAの単量体でもあるATPは，細胞におけるエネルギー貯蔵物質である．生物は，代謝の過程で得られたエネルギーを，ATPとして蓄え，これをさまざまな生命活動のエネルギー源としている．ATPのリン酸どうしの結合を，**高エネルギーリン酸結合**（high energy phosphate bond）とよぶ．この結合が加水分解されるときに放出されるエネルギーが，筋肉の運動やさまざまな生体分子の合成，代謝などに用いられている．1 molのATPが加水分解すると，31 kJのエネルギーが放出される．

| Column | ヌクレオシドに似た抗ウイルス薬 |

抗ウイルス薬を開発するときに，ウイルスの機能を「だます」戦略がとられることがある．たとえばヘルペスウイルスや帯状疱疹ウイル

ガンシクロビル

スによる感染症の治療薬として用いられているガンシクロビルはグアニンを含んだ構造をしており，細胞内でヌクレオシドをリン酸化する酵素によって三リン酸化される．ウイルス由来のDNAポリメラーゼが，本来ならdGTPをDNAに組み込まなければならない箇所にこの物質を組み込んでしまうと，それ以上はDNA鎖が伸びなくなり，ウイルスのDNA合成が阻害される．

$$\text{ATP} + \text{H}_2\text{O} \longrightarrow \text{ADP} + \text{H}_3\text{PO}_4 \quad \Delta H = -31 \text{ kJ mol}^{-1}$$

✔ 10章のまとめ

- DNA と RNA を核酸とよぶ.
- 核酸は,核酸塩基,糖,リン酸から構成される高分子である.
- DNA がもつ核酸塩基は,アデニン,シトシン,グアニン,チミンであり(修飾を受けることがある),糖はデオキシリボースである.
- RNA がもつ核酸塩基は,アデニン,シトシン,グアニン,ウラシルであり(修飾を受けることがある),糖はリボースである.
- ヌクレオシドは,核酸塩基にデオキシリボースまたはリボースが結合したものである.
- ヌクレオチドは,ヌクレオシドがリン酸化されたものである.
- ヌクレオチドには,一リン酸,二リン酸,三リン酸のものがある.
- 核酸はヌクレオチドが脱水縮合したポリヌクレオチドである.
- 核酸のヌクレオチド配列を塩基配列とよび,5′ 側から 3′ 側に向けて並べる.
- DNA 分子は二本鎖構造をとっており,両者は核酸塩基どうしの水素結合によって結ばれている.
- DNA の二本鎖では,アデニンとチミン,シトシンとグアニンが対をつくっている.この関係を相補性とよび,この対を塩基対とよぶ.
- DNA の二本鎖は右巻きのらせん構造をもっており,これを二重らせん構造とよぶ.
- 元の二本鎖 DNA と同じ分子がつくられることを,DNA の複製とよぶ.
- 複製によってつくられた DNA の二本鎖は,複製前の DNA の 1 本と,新しくつくられた 1 本の組合せになっており,この複製過程を半保存的複製とよぶ.
- おもな RNA に mRNA,tRNA,rRNA がある.
- DNA は二本鎖だが,ほとんどの RNA は一本鎖である.
- 遺伝情報が DNA から RNA を経てタンパク質に伝えられるという考えを,分子生物学のセントラルドグマとよぶ.
- タンパク質のアミノ酸配列をコードした部分を写し取った RNA が合成される過程を,転写とよぶ.
- リボソームにおいて,mRNA の塩基配列に対応したアミノ酸が順につながる過程を,翻訳とよぶ.
- tRNA はアミノ酸をリボソームに運ぶ.
- rRNA はアミノ酸とアミノ酸を連結する反応を触媒する.
- ヌクレオシド三リン酸のリン酸どうしの共有結合を,高エネルギーリン酸結合とよぶ.

156 10章　DNA・RNA・遺伝暗号

◉ 章 末 問 題 ◉

1. 次の塩基配列の相補的配列を 5′ 側から記せ.

$$5'-\text{CTA GTT TGT AAA TGC GCT}-3'$$

2. 次の配列が転写されてできる RNA の配列を 5′ 側から記せ.

$$5'-\text{CAA GTT ATA CAA}-3'$$

3. 次の配列がコードするアミノ酸配列を示せ. 表 10.1 を見てよい.

$$5'-\text{ATG TTT CAA CCA TGG}-3'$$

4. デオキシシトシン, デオキシシチジン, dCMP, dCDP, dCTP の関係を述べよ.

5. ヒトの DNA は 59 % が A と T である. 4 つの塩基の存在比はどうなっているか.

6. DNA 配列から, それが転写されてできる RNA の配列や, さらにそれが翻訳されてできるタンパク質のアミノ酸配列はわかる. しかし, タンパク質のアミノ酸配列から, その情報をコードする mRNA や DNA の配列はわからない. それはなぜか.

chap 11 プラスチックとその仲間
合成高分子化合物

本章のねらい

1. 付加重合と縮合重合の違いを説明できる.
2. 高分子化合物の平均分子量と浸透圧の関係を説明できる.
3. 熱可塑性樹脂と熱硬化性樹脂の分子構造の違いを説明できる.
4. 合成樹脂,合成繊維,合成ゴムについて,分子構造の違いに基づいて性質の違いを説明できる.
5. 共重合とは何か,具体的な化合物の例をあげて説明できる.
6. 日常生活や医療に用いられている合成高分子の性質と用途について,例をあげて説明できる.

11.1 プラスチック

合成樹脂

今,読者の手の届く範囲にプラスチック製品があるかもしれない.物差しやペン,下敷き,トレー,家電リモコンなどがプラスチック製ではないだろうか.冷蔵庫のなかには水やジュースの入ったペットボトルもあるかもしれない.今朝歯を磨くときに使った歯ブラシやコップはプラスチック製だったのではないだろうか.

古くから,松ヤニやウルシ,琥珀,天然ゴムのように,植物から採れる固体や半固体の物質を,**樹脂**(resin)とよんでいた.これと似た性質をもつ物質が化学合成されるようになってからは,旧来の樹脂を天然樹脂,人工的に合成されたものを**合成樹脂**(synthetic resin)とよぶようになった[*1].合成樹脂には熱や力を加えて成形・加工できる性質(plasticity)があり,その性質から**プラスチック**(plastics)とよばれるようになった.

*1 いまでは合成樹脂を樹脂とよぶこともある.

11.1.1 プラスチックはどのように合成するのだろう
──縮合重合と付加重合

代表的なプラスチック製品として,ペットボトルを考えることにしよう.ペットボトルの本体は,ポリエチレンテレフタラート(PET)でできている.PETは5章で学んだように,2種類の化合物が交互に脱水縮合して

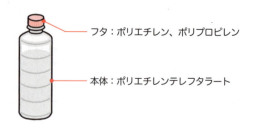

できる高分子である*2. 単量体が縮合を繰り返しながら結びついていく重合を, **縮合重合**(condensation polymerization)とよぶ.

*2 製造されている PET のすべてがこの 2 種類の化合物を原料とするわけではない. この 2 種類の化合物の誘導体から合成することもある. 高分子の構造だけから製造方法や単量体の構造を推定できるとは限らない.

一方, ペットボトルのキャップはポリエチレン（PE）でできている*3. PE は 4 章で学んだように, 付加重合でつくられる高分子である.

*3 ポリプロピレンが使われていることもある.

PE：polyethylene

さまざまな種類の合成高分子があるが, おもな合成方法は, 縮合重合と付加重合の 2 種類である（図 11.1）.

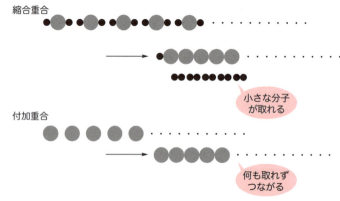

図 11.1　縮合重合と付加重合
縮合重合では単量体と単量体が結合するときに, 水や塩化水素などの低分子が取れるが, 付加重合では取れる分子がない.

> **例題 11.1** 質量 100 g のポリエチレン（PE）およびポリエチレンテレフタラート（PET）に含まれる繰返し構造の数はそれぞれ何個か．アボガドロ定数は 6.0×10^{23} mol^{-1} とし，計算に必要な構造や分子量は以下のものを使用せよ．
>
> H$_2$C=CH$_2$　　HO—CH$_2$—CH$_2$—OH　　HO—CO—C$_6$H$_4$—CO—OH　　H$_2$O
>
> 分子量　28　　　　　　62　　　　　　　　　　166　　　　　　　　　18
>
> **解答 11.1** PE 2.1×10^{24} 個，PET 3.1×10^{23} 個．エチレンは付加重合で PE になるので，PE 分子鎖内のエチレン単位の分子量は，エチレンと同じ 28 である．分子量 28 なので 1 mol あたりの質量は 28 g である．100 g の PE に含まれるエチレン単位は，100 g/(28 g mol^{-1}) = 3.571… mol．これの数は，(3.571… mol) × (6.0×10^{23} mol^{-1}) = 2.1×10^{24}．
>
> PET では 2 種類の低分子が交互に脱水縮合をしながら重合していくので，繰返し構造の分子量は 62 + 166 − 2 × 18 = 192 となる．
>
> —(O—CH$_2$—CH$_2$—O—CO—C$_6$H$_4$—CO)$_n$—
>
> 62 + 166 − 2 × 18 = 192
>
> 100 g の PET に含まれる繰返し単位は，100 g/(192 g mol^{-1}) = 0.5208… mol．これの数は，(0.5208… mol) × (6.0×10^{23} mol^{-1}) = 3.1×10^{23}．

11.1.2　プラスチックの分子量はどうなっているのだろう ——平均分子量

PET も PE も，単量体が次つぎとつながって合成されるので，生成物はさまざまな長さの分子鎖をもつ高分子の混合物になる．高分子の分子量を考えるときは，その平均値，すなわち**平均分子量**（mean molecular weight）を考える（図 11.2）．高分子の平均分子量は，高分子溶液の浸透

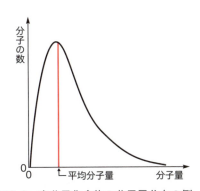

図 11.2　高分子化合物の分子量分布の例
ここで示す平均分子量は高分子を構成する分子の分子量の総和を，分子の総数で割ったものである．

圧を測定することによって求めることができる（4章で学んだ）．

11.1.3 プラスチックの分子はどのような構造になっているのだろう——微結晶と非晶質

PETもPEも熱を加えるとやわらかくなっていき，液体に変わっていく[*4]．やわらかくなった樹脂を冷ますと硬くなる．この性質をもつ樹脂を**熱可塑性樹脂**（thermoplastic resin）とよぶ．このような性質は分子の構造によるものである．熱可塑性樹脂のなかでは分子鎖が規則正しく並んで集まったさまざまな大きさの**微結晶**（crystallite）と，無秩序な**非晶質**（amorphous）とが入り交じっている（図11.3）．熱可塑性樹脂に熱を加えていくと非晶質から軟化し，微結晶は小さなものからほどけていき，徐々に全体がやわらかくなっていく．そのため，明確な融点が存在しない．4章で学んだ付加重合で合成される高分子は熱可塑性を示す．また縮合重合で合成される高分子でも，PETや後述のナイロン，ポリカーボネートなどは熱可塑性を示す．

[*4] 熱によって変形を始める温度を，軟化点（softening point とよぶ．

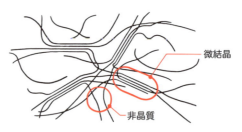

図11.3 合成高分子の微結晶部分と非晶質部分

11.1.4 可塑剤

熱可塑性樹脂のなかには，もろく，扱いにくいものがある．そこで，高分子鎖と高分子鎖との間に入り込んで潤滑剤となるような低分子を加えて成型することがある．このような物質を**可塑剤**（plasticizer）とよぶ．可塑剤としては，フタル酸ジイソノニル（DINP）のようなフタル酸のエステルが用いられている．

DINP：diisononyl phthalate

PVC：polyvinyl chloride

たとえば純粋なポリ塩化ビニル（PVC）はもろいが，可塑剤を加えて成型することによって，やわらかくしなやかな材料にすることができる．読者は子供時代にやわらかい人形で遊んだことがあるかもしれない．その素材となっている軟質塩化ビニル樹脂は，塩化ビニル樹脂を可塑剤でやわら

かくしたものである．鉛筆で書いたものを消すときに使う「消しゴム」はかつては天然ゴムでつくられていたが，現在では PVC に可塑剤を加えたものが使われている（「プラスチック消しゴム」と書かれていることがある）．医療機関で使用されている血液バッグや送液チューブにも，可塑剤でやわらかくした PVC が用いられている．

11.2 熱硬化性樹脂

フェノールとホルムアルデヒドを反応させると，次の反応が次つぎと進んでいく[5]．しばらくすると，やわらかいかたまりになって反応が止まるので，ここで熱を加えると，全体が共有結合でつながった大きなかたまりができる．このかたまりはフェノール樹脂といい，世界初の合成樹脂である．紙面の都合で構造式は平面に描かれているが，フェノール樹脂の内部では，共有結合が三次元的に広がって全体を結んでいる．硬くなった大き

*5 この反応は付加と縮合が組み合わさった付加縮合（addition condensation）である．

Column 生分解性プラスチックと生分解性繊維

プラスチックの生産量は増える一方である．それと同時に，廃棄プラスチックの問題が深刻になってきた．埋められたり海に捨てられたりするプラスチックはそのままの姿で残り続ける．そこで生分解性のプラスチックを包装や梱包に利用する取組みが進められている．たとえばポリ乳酸でつくられたフィルムや樹脂は土壌中の微生物によって分解され，二酸化炭素と水になる．

代謝系によってゆっくりと加水分解された後，二酸化炭素と水になり身体から追いだされる．皮膚が問題なくつながってからしばらくすると縫合糸も消えている．これによって，抜糸の処置をする必要がなくなる．生分解性の樹脂は骨折部位をつなぐピンやスクリューにも使われている．骨折部位が完全につながったときには，すでに分解されて身体に吸収されている．金属製の留め具を使った場合には，骨がつながった後に再び手術をおこなって留め具を取りだす必要があるが，生分解性の材料を使えば，その必要がなくなる．

ポリ乳酸　エステル結合

$$\cdots\cdots\text{O}-\overset{\overset{\text{CH}_3}{|}}{\text{CH}}-\overset{\overset{\text{O}}{\|}}{\text{C}}-\text{O}-\overset{\overset{\text{CH}_3}{|}}{\text{CH}}-\overset{\overset{\text{O}}{\|}}{\text{C}}-\text{O}-\overset{\overset{\text{CH}_3}{|}}{\text{CH}}-\overset{\overset{\text{O}}{\|}}{\text{C}}\cdots\cdots$$

↓ エステル分解酵素による加水分解

乳酸

$$\text{HO}-\overset{\overset{\text{CH}_3}{|}}{\text{CH}}-\overset{\overset{\text{O}}{\|}}{\text{C}}-\text{OH}$$

↓ 代謝

$$CO_2 と H_2O$$

生分解性の素材は医療にも用いられている．生分解性の縫合糸が外科手術に用いられている．乳酸とグリコール酸の共重合体はヒトの

$$\left(\text{O}-\overset{\overset{\text{CH}_3}{|}}{\text{CH}}-\overset{\overset{\text{O}}{\|}}{\text{C}}\right)_m\left(\text{O}-\text{CH}_2-\overset{\overset{\text{O}}{\|}}{\text{C}}\right)_n$$

ポリ乳酸　　　　ポリグリコール酸

↓　　　　　↓

乳酸

$$\text{HO}-\overset{\overset{\text{CH}_3}{|}}{\text{CH}}-\overset{\overset{\text{O}}{\|}}{\text{C}}-\text{OH}$$

グリコール酸

$$\text{HO}-\text{CH}_2-\overset{\overset{\text{O}}{\|}}{\text{C}}-\text{OH}$$

↓

$$CO_2 と H_2O$$

ホルムアルデヒド

フェノール

付加

縮合

$+ H_2O$

フェノール樹脂

なかたまりはそれ自体でひとつの分子である.

　フェノール樹脂は，はじめはやわらかいが加熱すると硬くなる．いったん硬くなった樹脂は再び加熱してもやわらかくはならない．こうした性質をもつ樹脂を**熱硬化性樹脂**（thermosetting resin）とよぶ．熱硬化性樹脂には，フェノール樹脂のほかに尿素樹脂やメラミン樹脂などがある.

$H_2N-\overset{\displaystyle O}{\overset{\|}{C}}-NH_2$ + $H-\overset{\displaystyle O}{\overset{\|}{C}}-H$

尿素　　　　　　　ホルムアルデヒド

尿素樹脂

メラミン

ホルムアルデヒド

メラミン樹脂

熱硬化性樹脂は頑丈で薬品や熱に強く，電気を通しにくい性質をもつ．やかんの取手，家具や棚などの構造材，食器洗浄乾燥機対応の食器，電気製品のソケットなどに用いられている．病院食のトレーにも熱硬化性樹脂が広く用いられている．何百セットもの食器を一度に洗浄し高温乾燥させ積み上げて取り扱う場面に適している．

すべての樹脂が熱可塑性か熱硬化性に分類されるわけではない．加熱に伴って分解するものもあるからである．

例題 11.2 次の合成樹脂のなかから，熱可塑性を示すものをすべて選べ．

尿素樹脂，ポリエチレンテレフタラート，フェノール樹脂，ポリエチレン，メラミン樹脂

解答 11.2 ポリエチレンテレフタラート，ポリエチレン

11.3 合成繊維

化学繊維

合成高分子に熱をかけて融かし，細い孔から一定方向に引き延ばすことによって製造される材料が**合成繊維** (synthetic fiber) である．引き延ばすときに分子鎖が束ねられ，強度をもつ材料になる (図 11.4)．

図 11.4 合成繊維の分子構造

11.3.1 ポリエステル

天然繊維[*6]も合成繊維も合わせたなかで，毎年もっとも多く生産されている繊維が，ポリエチレンテレフタラート (PET)[*7]製のポリエステル繊維である．吸湿性が低く，乾きやすく，シワになりにくい．強度があるので作業着や白衣などにも用いられている．PET のように，同じ化合物が合成樹脂としても合成繊維としても用いられることがある．

*6 12 章 12.2.1 参照．

*7 5 章 5.5.4 参照．

11.3.2 ナイロン

(a) 6,6-ナイロン

6,6-ナイロンは人類が初めて開発した合成繊維の材料である。次の2種類の化合物が交互に縮合してアミド結合でつながった構造をもつ高分子である。炭素を6個含む化合物2種類の組合せになっているので、6,6-ナイロンと命名された[8]。

*8 ナイロン66とよぶこともある。

$$HO-\underset{\underset{O}{\|}}{C}-CH_2CH_2CH_2CH_2-\underset{\underset{O}{\|}}{C}-OH \ + \ H_2N-CH_2CH_2CH_2CH_2CH_2CH_2-NH_2$$

アジピン酸　　　　　　　　　　ヘキサメチレンジアミン

$$\xrightarrow{-H_2O} \ \Big(\underset{\underset{O}{\|}}{C}-CH_2CH_2CH_2CH_2-\underset{\underset{O}{\|}}{C}-\underset{\underset{H}{|}}{N}-CH_2CH_2CH_2CH_2CH_2CH_2-\underset{\underset{H}{|}}{N}\Big)_n$$

6,6-ナイロン

(b) 6-ナイロン

ナイロンとつく名称の合成高分子がいくつかある。6-ナイロンもそのひとつである[9]。6-ナイロンは次のように環状の化合物が、次つぎと環を開きながらつながっていくことによって重合する[10]。

*9 ナイロン6とよぶこともある。

*10 このしくみを開環重合（ring-opening polymerization）とよぶ。

$$\xrightarrow{} \ \Big(\underset{\underset{H}{|}}{N}-CH_2CH_2CH_2CH_2CH_2-\underset{\underset{O}{\|}}{C}\Big)_n$$

カプロラクタム　　　　　　　　　　6-ナイロン

ナイロンの繊維はストッキングやスポーツウェア、釣り糸、外科用縫合糸、担架のシートなどに用いられている。繊維としての肌触りは、6,6-ナイロンが絹に、6-ナイロンが木綿に近い。ナイロンは熱や衝撃、摩耗に耐える熱可塑性樹脂としても用いられている。台所のフライ返しや自動車のエンジンカバー、食品加工機械の歯車などにナイロン製のものが用いられている。

(c) アクリル繊維

アクリル繊維やモダクリル繊維は、アクリロニトリルと他の単量体との共重合体を材料とする繊維である[11]。アクリル繊維には羊毛と似た肌触りがあり、保温性に優れる。

*11 4章4.3.5（b）参照。

$$H_2C=\underset{\underset{H}{|}}{\overset{\overset{N}{\|||}}{\overset{C}{|}}}{C}H \ \xrightarrow{\text{付加重合}} \ \Big(CH_2-\underset{\underset{\underset{C}{\||}}{\overset{N}{\|}}}{C}H\Big)_n$$

アクリロニトリル　　　ポリアクリロニトリル（PAN）

PAN：polyacrylonitrile

例題 11.3	次の (a) ～ (c) はポリエステル, 6,6-ナイロン, アクリル繊維のうちのどれにあてはまるか.

(a) ストッキング, スポーツウェア, 釣り糸などに用いられており, 絹糸に似た肌触りがある.

(b) 付加重合で合成され, 羊毛に似た肌触りがある.

(c) 毎年もっとも多く生産されている合成繊維であり, 乾きやすく, シワになりにくい.

解答 11.3 (a) 6,6-ナイロン, (b) アクリル繊維, (c) ポリエステル.

⬡ 11.4 ゴ ム

　ゴムは弾力性に富む材料である. ゴムの分子鎖には多数の折曲りがあるので, 分子全体としては丸まったかたちをしている. これを引っ張ると丸まった部分が伸びるので, ゴムは伸ばすことができる. しかし伸びた状態の分子は不安定なので, 手を離すと元のかたちに戻る (図11.5). 合成樹脂と比べると, ゴム内では非晶質の割合が高くなっている.

　ゴムの木の樹液を処理してつくられるゴムが**天然ゴム** (natural rubber) である. これに対し, 同じように伸び縮みする性質をもった**合成ゴム** (synthetic rubber) が開発された.

Column　　　瞬間接着剤のしくみ

　接着したい面に1滴垂らすだけでただちに固まる瞬間接着剤は, どのようなしくみになっているのだろうか. 瞬間接着剤の主成分は, α-シアノアクリル酸エステルである.

　α-シアノアクリル酸エステルは液体だが, これが付加重合すると硬くて透明な樹脂になる (高速に重合が進む). この反応を開始させるためには, 触媒としての水が必要である. その水は, ごくわずかな量で十分であり, 接着面についている湿気がこの役割を果たしてくれる. 思い出していただきたい, 私たちはうるおいのある惑星に暮らしているのだ. 瞬間接着剤は工作や日常生活用品の修理に使うものとして販売されているが, 医療用のものもある. 外科手術で患部を縫合糸で縫うかわりに, 瞬間接着剤で止める方法が用いられることがある. この場合には固まった後に軟性をもたせる必要があるので, 市販品とはRの構造が異なるものが使われる.

$$
\begin{array}{c}
\text{N} \\
\text{‖} \\
\text{C} \\
| \\
H_2C=C \\
| \\
\text{C}-\text{O}-\text{R} \\
\text{‖} \\
\text{O}
\end{array}
\Longrightarrow
\begin{array}{c}
\text{N} \\
\text{‖} \\
\text{C} \\
| \\
-(CH_2-C-)_n \\
| \\
\text{C}-\text{O}-\text{OR} \\
\text{‖} \\
\text{O}
\end{array}
$$

α-シアノアクリル酸エステル

-R：(工作用) —C_2H_5

(医療用) —CH_2-$\overset{\displaystyle C_2H_5}{CH}$-$CH_2$-$CH_2$-$CH_2$-$CH_3$

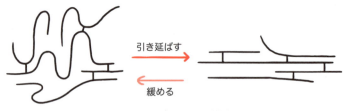

図 11.5　ゴムの分子構造

(a) 天然ゴム

ゴムノキから採れる天然ゴムはイソプレンが重合した構造の，ポリイソプレンである[*12].

*12 この重合のときに，二重結合の位置が動く．4 章参照．

イソプレン　→付加重合→　天然ゴムのポリイソプレン

(b) 合成ゴム

天然ゴムと似た分子構造をもつ合成ゴムも開発されてきた．たとえばイソプレンの $-CH_3$ が $-H$ になったブタジエンや，$-Cl$ になったクロロプレンを付加重合すると，それぞれブタジエンゴムやクロロプレンゴムが得られる．

ブタジエン　→付加重合→　ブタジエンゴム

クロロプレン　→付加重合→　クロロプレンゴム

天然ゴムのポリイソプレンは C=C 結合の部分がすべてシス型である．一方，ポリクロロプレンはトランス型である．

11.5　さまざまな合成高分子

優れた性質をもつ，さまざまな合成高分子化合物がある．

(a) ポリカーボネート

PC：polycarbonate

ポリカーボネート（PC）の樹脂は透明度に優れ，衝撃にも耐えるので，新幹線や航空機の客席窓，建材，ヘルメット，自動車ライトのカバーなどに用いられている．機動隊の盾も金属製のものからポリカーボネート製の

11.5　さまざまな合成高分子　　167

ものに置き換わってきた．医療においては人工透析機や酸素濃縮器のケース，輸液チューブのコネクタなどに利用されている．アルコールでひび割れや濁りを生じることがあるので，アルコールでは拭き取りらないほうがよい．

ビスフェノールA　　ポリカーボネート(PC)

(b) ポリスルホン

人工透析の膜としてもっとも使用されている素材がポリスルホン (PSF) である．ポリスルホンの膜はサイズをコントロールした孔をつくりやすいので，透析膜の素材として適している．

PSF：Polysulfone

ポリスルホン (PSF)

(c) ポリウレタン

ウレタン結合 $-O-CO-N-$ の繰返しでつながった高分子をポリウレタンとよぶ．ポリウレタンからつくられる繊維はやわらかくて伸縮性に富んでいるので，タイツやスポーツウェアに使われている．また，発泡させた素材が建物の断熱材や台所スポンジなどに用いられている．医療では人工心臓，人工血管，人工腎臓などのパッキン部分や，リード線の被覆にポリウレタン樹脂が使われている．

ポリウレタン

※ Rはさまざまな長さの高分子で，OHを複数個もつものもある．

(d) ポリエチレングリコール

ポリエチレングリコール (PEG) は毒性が低く潤滑性に優れ，水をはじめとするさまざまな溶媒によく溶ける高分子である．下剤として PEG 水溶

PEG：Polyethylene glycol

液が使用されることがある．また，保湿剤や増粘剤，錠剤のコーティング剤として，医薬品や化粧品に添加されている．

$$\text{H}_2\text{C}-\text{CH}_2 \;\rightleftarrows\; \left(\text{CH}_2-\text{CH}_2-\text{O}\right)_n$$

エチレンオキシド　　　　　ポリエチレングリコール（PEG）

　2個以上の細胞が一体化して1個の細胞になる現象を，細胞融合とよぶ．PEG を用いて細胞を処理することにより，細胞融合を進行させることができる．　PEG が存在する環境では，細胞の外部から内部に DNA が取り込まれやすくなる．この性質を利用して，細胞に外来遺伝子を導入することができる．また，タンパク質分子の表面に PEG を共有結合しておくことにより，体内のタンパク質分解酵素による加水分解を抑えることができる．抗がん剤として用いられるインターフェロンを PEG と共有結合させてから投与することがある．

(e) シリコーン樹脂

　ケイ素原子 Si と酸素原子 O の –Si–O–Si– を骨格にもつ高分子化合物をシリコーンとよぶ．架橋構造をもたせると，弾力性のあるシリコーンゴムになる．シリコーンは人体に無害で，化学的に安定な透明樹脂である．生体に埋め込んで使用できるので，コンタクトレンズや医療用マスク，医療用チューブや弁の材料として広く用いられている．ほ乳瓶の乳首もシリコーンゴム製である．

Column　　消しゴムがプラスチック板にくっついて離れない！

　消しゴムを紙製のケースから取りだし，別のプラスチック製品（たとえば CD ケースや下敷き，床シート，材料としてはポリスチレンや ABS 樹脂，ポリ塩化ビニルなど）の上に載せたまましばらく放置しておいたところ，消しゴムが貼りついて取れなくなってしまったという経験があるかもしれない．これは可塑剤がプラスチックに移っていき，溶かして

しまうためである．そうならないように，消しゴムには紙製のケースがついている．ポリプロピレンは可塑剤の影響を受けにくいので，店頭に置いてある新品の消しゴムはポリプロピレンの透明フィルムで包装されている．消しゴムの消しカスにも可塑剤が含まれているので，消しゴムを使ったあとは掃除しておくことをおすすめする．

R はおもに CH$_3$−　　シリコーン

架橋構造

シリコーンゴム

(f) 炭素繊維強化プラスチック

金属と同等かそれ以上の機械的強度をもち金属よりも軽量な材料として，炭素繊維強化プラスチック（CFRP）が用いられるようになってきた．ジャンボジェット機やレーシングカーのボディにも，炭素繊維強化プラスチックが大量に用いられている．

酸素をしゃ断してポリアクリロニトリル（PAN）を高温処理すると，炭素の繊維が得られる．これを PAN 系炭素繊維とよぶ．樹脂を成型する際に炭素繊維を混合しておくと，炭素繊維の強さと合成樹脂のしなやかさを併せもった材料をつくることができる．これが炭素繊維強化プラスチックである．

CFRP：carbon-fiber reinforced polymer

ポリアクリロニトリル　　　　　　　　　　　　　PAN系炭素繊維

CFRP は X 線を通すため，診療放射線機器への応用が広がっている．機械的強度にも優れるため，これまで金属が使われてきた医療機器収納容器も，CFRP に置き換わりつつある．

170　11章　プラスチックとその仲間

✔ **11 章のまとめ**
・・・

- ☐ 合成樹脂は熱や圧力を加えることによって，目的とする形状に成型することができる．
- ☐ 合成高分子の合成反応には，おもに縮合重合と付加重合がある．
- ☐ 縮合重合では反応にともなって水などの小分子が取れるが，付加重合では取れない．
- ☐ 合成高分子の分子量にはばらつきがあるので，分子量としては平均分子量を考える．平均分子量は浸透圧から求めることができる．
- ☐ 熱可塑性樹脂は熱を与えるとやわらかくなり，冷やすと元の硬さに戻る樹脂である．
- ☐ 熱可塑性樹脂は微結晶領域と非晶質領域が入り交じった構造になっている．
- ☐ もろい高分子をやわらかくしなやかな材料にするために，高分子鎖と高分子鎖との間に入り込んで潤滑剤となるよう成形時に加えられる低分子が可塑剤である．
- ☐ 熱硬化性樹脂は，はじめはやわらかいが，加熱すると硬い不溶性の物質になる樹脂である．
- ☐ 合成高分子に熱をかけて融かし，細い孔から一定方向に引き延ばすことによって製造される材料が合成繊維である．

⬢ **章 末 問 題** ⬢

1. 質量 100 g のポリアクリロニトリル（PAN）および 6,6–ナイロンに含まれる繰返し構造の数はそれぞれ何個か．アボガドロ定数は 6.0×10^{23} mol^{-1} とし，計算に必要な構造や分子量は次のものを使用せよ．

$$H_2C = CH(CN) \qquad H_2N{-}(CH_2)_6{-}NH_2 \qquad HO{-}C(O){-}(CH_2)_4{-}C(O){-}OH \qquad H_2O$$

　　　分子量　53　　　　　　　　　116　　　　　　　分子量　　　146　　　　　　　　　18

2. 次の合成樹脂のなかから，熱硬化性を示すものをすべて選べ．
　尿素樹脂，ポリエチレンテレフタラート，フェノール樹脂，ポリエチレン，メラミン樹脂，ポリカーボネート，ポリアクリロニトリル

3. 熱可塑性樹脂，熱硬化性樹脂，繊維，ゴムの性質の違いを，分子の構造の違いから説明せよ．

4. 共重合によって合成されている高分子の例を 2 つあげ，共重合によってどのような性質があらわれたのかを説明せよ．

chap 12 衣食住・医薬品の有機化学

本章のねらい

1. 食品に含まれている，私たちの身体をつくる化合物について，具体的な例をあげて説明できる．
2. 衣類やリネン，カーテンなどに用いられる繊維について，具体的な例をあげて説明できる．
3. 洗剤が汚れを落とすしくみについて説明できる．
4. 医薬品について，具体的な例をあげて説明できる．

12.1　私たちが食べているもの

食品に含まれる有機化合物

さまざまな食物のうち，炭水化物，タンパク質，脂質を **3 大栄養素** や **エネルギー産生栄養素** とよぶ．この 3 種類は，私たちが活動するために必要なエネルギー源になる．日本では，食品に関連して熱やエネルギーをあらわすときの単位として，非 SI 単位のカロリー（cal）が用いられる．1 cal = 4.184 J の関係がある[*1]．おおよその目安として，1 g を摂取したときに身体が得るエネルギーは，炭水化物とタンパク質が 4 kcal，脂質が 9 kcal とされてきた．

[*1] エネルギーの単位としてカロリーを使うことをやめた国もある．輸入食品の成分表を見ると，ジュール（J）で表記されていたり，ジュールとカロリーが併記されていたりすることがある．

3 大栄養素

炭水化物

タンパク質

脂質

12.1.1　炭水化物

8 章で糖質について学んだ．糖質の多くは組成式を $C_m(H_2O)_n$ のかたちであらわすことができる．これは見かけ上，炭素の水和物になっているので，糖質を **炭水化物**（carbohydrate）とよぶこともある．ただし食品について考えるときには，炭水化物のうち，私たちの身体がエネルギー源として利用できるものを糖質とよび，身体が消化できない食物繊維とは分けて考えることがある（図 12.1）．食物繊維を多く含む代表的な食物としては，野菜やこんにゃく，寒天などがあげられる．糖質は糖類と，少糖類（オリ

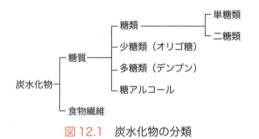

図 12.1　炭水化物の分類

ゴ糖），多糖類（デンプン），糖アルコールに分類する．糖類には単糖類と二糖類が含まれる．

(a) 糖　類

　グルコースやフルクトース，ガラクトースなどの単糖類と，スクロースやマルトース，ラクトースなどの二糖類を糖類とよぶ．いずれも 8 章で学んだ．

(b) 少糖類（オリゴ糖）

　単糖が 2 個から 10 個程度結びついたものを少糖類やオリゴ糖とよぶ．整腸作用や腸内細菌を増やす作用をもつものがある．

Column　甘さを求めて

　甘い物は食べたいが砂糖の使用量は減らしたいというわがままを解決するためには，砂糖の代わりになる化合物を合成すればよい．そうしてできたのが人工甘味料である．日本国内で現在も合成甘味料として利用されている化合物には，9 章のコラムで取りあげたアスパルテーム（砂糖の 100 から 200 倍の甘さ）や，アセスルファムカリウム（同 200 倍），スクラロース（同 600 倍）などがある．2 種類以上を混ぜて使うことによって，甘さを引きだし，後味をよくできることもある．

　これまでに合成された化合物もっとも甘いとされているものはラグドゥネーム（ルグズナム）であり，砂糖の 22 万倍以上の甘みがある．ただし毒性についてはまだ詳しくわかっておらず，食品添加物としても認可されていない．

アセスルファムカリウム　砂糖の 200 倍

スクラロース　砂糖の 600 倍

ラグドゥネーム　砂糖の 22 万倍以上

12.1　私たちが食べているもの

(c) 多糖類

　デンプンやデキストリンを多糖類とよぶ．デキストリンとは，重合度
12 以上の段階までデンプンを加水分解したものである．

(d) 糖アルコール

　ソルビトールやキシリトールといった糖類は砂糖と比べると甘みは低い
が，身体に吸収されにくいため，低カロリー食品の甘味料として用いられ
ている．水に溶けるときに熱を奪うので（吸熱），あめやガム，口内洗浄剤
などに清涼剤として用いられる．キシリトールは虫歯の原因となる細菌の
代謝を阻害するため，虫歯になりにくい甘味料としてガムに加えられてい
る．

ソルビトール　　　　キシリトール

> **例題 12.1** 次の化合物を糖類，多糖類，糖アルコールに分類せよ．
> 　　ガラクトース，キシリトール，グルコース，スクロース，ソルビトール，デキストリン，
> 　　デンプン，フルクトース，マルトース，ラクトース
>
> **解答 12.1** 　糖類：ガラクトース，グルコース，スクロース，フルクトース，マルトース，ラクトース
> 　多糖類：デキストリン，デンプン　　糖アルコール：キシリトール，ソルビトール

12.1.2　タンパク質

　肉類や魚類，豆類などの食物にはタンパク質が豊富に含まれている．タ
ンパク質は私たちの身体をつくる重要な材料だが，食物中のタンパク質が
私たちの身体をつくる材料として直接使われることはない．まず，ペプシ
ンやトリプシンなどのタンパク質を分解する消化酵素がタンパク質をアミ
ノ酸まで加水分解する[*2]．そしてアミノ酸が再び連結して，私たちの身体
に必要なさまざまなタンパク質になる．

　タンパク質を構成するアミノ酸は 20 種類である．私たちの身体は，こ
のうちの 11 種類をほかのアミノ酸からつくり変えて得ることができる．
しかし残りの 9 種類のアミノ酸は体内で合成されない，または合成されに
くいので，日常的に食物から摂取しなければならない[*3]．このようなアミ
ノ酸を**必須アミノ酸**（essential amino acids）とよぶ[*4]．さまざまな食物を
採りいれることが大事だといわれている理由のひとつは，私たちの身体を
構成する材料の種類が多く，その種類をそろえる必要があるからである．

[*2] 9 章で学んだ，ペプチ
ド結合の加水分解である．

[*3] 必須アミノ酸は生物に
よって異なる．

[*4] 9 章の表 9.1 参照．

> **例題 12.2** 5章を参照しながら，9種類の必須アミノ酸の名称を答えよ．
>
> **解答 12.2** バリン，ロイシン，イソロイシン，メチオニン，トレオニン，フェニルアラニン，トリプトファン，リシン，ヒスチジン

12.1.3 脂 質

サラダ油，バター，マーガリンなどの主成分は油脂である．油脂は水に溶けないので，そのままでは身体に吸収されないが，膵液に含まれる消化酵素リパーゼが脂肪酸とモノグリセリドに分解する．いずれも身体に吸収され，再び油脂が合成されたり，あるいは別の化合物を合成する材料になったりする．

$$R^1COO-CH_2$$
$$R^2COO-CH \xrightarrow{加水分解} R^1COOH \quad R^2COO-CH \quad HO-CH_2$$
$$R^3COO-CH_2 \quad\quad R^3COOH \quad HO-CH_2$$
油脂　　　　　　　　脂肪酸　　モノグリセリド

油脂を構成する脂肪酸のなかには，体内で合成することができないものもある．これを必須脂肪酸とよぶ．炭化水素基がすべて単結合のものを**飽和脂肪酸**（saturated fatty acid），多重結合を含むものを**不飽和脂肪酸**（unsaturated fatty acid）とよぶ．

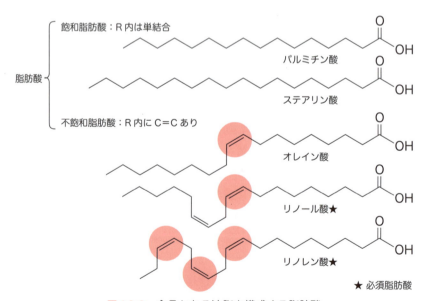

図 12.2 食品となる油脂を構成する脂肪酸
二重結合はすべてシス形である．炭化水素基がすべて単結合のものを飽和脂肪酸（saturated fatty acid），多重結合を含むものを不飽和脂肪酸（unsaturated fatty acid）とよぶ．体内で合成できないために食物から取り入れなければならないものを必須脂肪酸とよぶ．

(a) バターとマーガリン

　植物油に含まれる脂肪酸のなかには，二重結合をもつものが多い．たとえば次のようなものが多く含まれる．

　分子内に2か所存在するC=Cは，どちらもシス型の構造となっている．このような構造だと分子鎖が束になりにくく，そのため植物油は液状である．これをバターのような固体に変えるためには，束になりやすい分子構造に変えるとよい．そこで水素を添加し（4章で学んだ，アルケンへの水素付加），二重結合を単結合に変えると，次のような構造になる．この反応は植物油からマーガリンを製造するときに使われている．こうしてつくられた油脂を**硬化油**（drying oil）とよぶ．

　このときに，ごくわずかに次の構造のものも生成する．

　これが体内で消化されると，次の化合物が生じる．

　これはトランス脂肪酸とよばれる化合物で，血中コレステロール値を上昇させて冠状動脈に障害を引き起こす．このため，食品中のマーガリン含量に規制を設けている国もあるが，日本では現在のところ規制されていない．これは，食習慣の違いからもともとのマーガリン使用量が少ないためである．ただし，食生活の変化に伴って規制が必要になる日がくるかもしれない．なお，トランス脂肪酸を含む食材はマーガリンだけではなく，動物性脂肪や使い古した食用油にも含まれている．

12.2　繊　維

12.2.1　天然繊維——動物繊維と植物繊維

　衣類としても，シーツやタオル，カーテン，ロープなどとしても，私たちはさまざまな**繊維**（fiber）を利用している（図12.3）．11章で学んだ合成

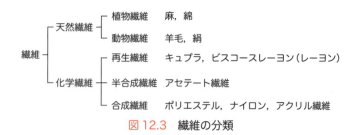

図 12.3 繊維の分類

繊維が登場するより前から，人類は**天然繊維**（natural fiber）を利用してきた．天然繊維には，セルロースを主成分とする**植物繊維**（vegetable fiber）と，タンパク質を主成分とする**動物繊維**（animal fiber）がある．綿，麻，羊毛，絹を，**4 大天然繊維**とよぶ．

(a) 植物繊維

植物繊維の主成分はセルロースである．セルロース分子は並行に並び，分子間で水素結合をつくって結びつくので，強度が大きい．また親水性のヒドロキシ基 −OH を多数もつので，吸湿性が高い．綿は繊維の内部に空洞があり，吸湿性や吸水性が大きい．シャツやタオル，肌着，脱脂綿などに用いられる．麻は吸湿性に優れ，天然繊維のなかでは，もっとも強い．

(b) 動物繊維

羊毛はケラチン，絹はフィブロインというタンパク質が主成分である．主鎖の −CO−NH− のほかに，ヒドロキシ基 −OH やアミノ基 −NH$_2$ など親水性の側鎖を多くもち，吸湿性に優れる．しかし酸や塩基に弱く，虫に食われやすいという欠点がある．羊毛の主成分であるケラチンは α−ヘリックス構造をとっており，内部に空間ができやすく，伸縮性や保湿性，保温性に富む．絹はカイコの繭から得られる長い糸が原料となる．しなやかで美しい光沢をもつが，光に弱く，変色して黄ばみやすい欠点がある．

12.2.2　再生繊維（レーヨン）

セルロースは水にも汎用的な有機溶媒にも溶解しないので，絹のように細く長い繊維をつくることができない．しかし，綿くずや木材パルプに化学的処理を施すことによって，これができるようになる．天然高分子の繊維構造を適切な溶媒に溶かした後に繊維として再生させたものを**再生繊維**（regenerated fiber）とよび，セルロースを原料とするものを**レーヨン**

(rayon)とよぶ．製造法の違いによって，銅アンモニアレーヨン（キュプラ）と，ビスコースレーヨンがある．キュプラを用いた中空糸（中心部が空洞の糸）は人工透析に利用されている．レーヨンには絹に似た光沢と肌触りがあるが，水や高熱に弱いので洗濯やアイロンがけでは注意が必要である．

12.2.3 半合成繊維

セルロースのヒドロキシ基 –OH の約 3 分の 2 がアセチル化されたジアセチルセルロースを，**アセテート繊維**（acetate fiber）とよぶ．アセテート繊維には絹に似た光沢と肌触りがあるが，吸湿性は低い．また熱可塑性があるので，熱でプリーツやシワ加工をすると，その形状を保つことができる．一方，シワができやすい，摩擦や熱で痛みやすい，有機溶剤に弱い（シミ抜きやマニキュアで溶ける）といった欠点がある．アセテート繊維の原料は天然のセルロースだが，アセチル化を施してその構造の一部を変化させているので，**半合成繊維**（semi-synthetic fiber）とよぶ[*5]．

12.2.4 合成繊維

ポリエステル，ナイロン，アクリル[*6] を **3 大合成繊維**とよぶ[*7]．ポリエステルのほとんどはポリエチレンテレフタラート（PET），ナイロンはナイロン 66 またはナイロン 6，アクリルはアクリロニトリルを主成分とする共重合体である[*8]．天然繊維も合成繊維も合わせたなかで，毎年もっとも多く生産されている繊維は PET 製のポリエステル繊維である[*9]．

[*5] 半合成繊維には，セルロースの –OH を $-NO_2$ にしたニトロセルロースもある．

[*6] アクリル樹脂とは異なる．アクリル樹脂はポリメタクリル酸メチルである．

[*7] 日本の繊維生産量のうち，合成繊維が 8 割以上を占めている．

[*8] 4 章 4.3.5 (b) 参照．

[*9] PET には親水性の官能基がないので，吸湿性がなく洗濯しても乾きやすい．医療スタッフの白衣や作業着は PET 製が主流である．

> **例題 12.3** 4 大天然繊維と 3 大合成繊維の名称を答えよ．
>
> **解答 12.3** 4 大天然繊維：綿，麻，羊毛，絹　3 大合成繊維：ポリエステル，ナイロン，アクリル

12.3 洗　剤

12.3.1 セッケン

油脂に水酸化ナトリウム水溶液を加えて加熱すると油脂がけん化され，グリセリンと脂肪酸のナトリウム塩が生じる．こうして得られる長鎖の炭化水素基をもつカルボン酸のナトリウム塩 $RCOO^-Na^+$ が**セッケン**（soap）

$$\begin{array}{c} R^1COO-CH_2 \\ R^2COO-CH \\ R^3COO-CH_2 \end{array} + 3NaOH \longrightarrow \begin{array}{c} R^1COONa \\ R^2COONa \\ R^3COONa \end{array} + \begin{array}{c} CH_2OH \\ CHOH \\ CH_2OH \end{array}$$

　　　油脂　　　　　　　　　　　　セッケン　　グリセリン

である．長年にわたってセッケンはこの方法で製造されてきた[*10]．

セッケンは水になじみにくいが油脂とはなじみやすい疎水性の部分と，水になじみやすい親水性の部分が組み合わさった構造になっている．

*10 現在は酸で加水分解した後に水酸化ナトリウムで中和する方法が主流となっている．

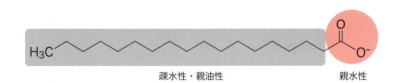

疎水性・親油性　　　親水性

化学的に似たものどうしは互いに引き合う性質がある．セッケンが油汚れに触れると，セッケンの親油性の部分が油汚れに突き刺さる．油汚れは付着している固体の表面から引きはがされ，セッケンの集まりのなかに取り込まれる．この集まりの表面には親水性の部分が並んでいるので，水とはよくなじみ水中に分散する．

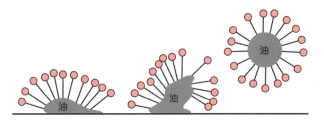

*11 液体の表面にはたらく，表面積を小さくしようとする力を表面張力とよぶ．

セッケンは水面で水の表面張力[*11]を小さくする作用を示す．このような働きをする物質を，**界面活性剤**（surface-active agent）とよぶ．**表 12.1**にさまざまな界面活性剤を示す．界面活性は洗浄用だけでなく，化粧品や食品の乳化剤としても用いられている．

12.3.2　合成洗剤

石油を原料として化学的につくられた**合成洗剤**（synthetic detergent）も界面活性剤である．セッケンは弱酸と強塩基の塩なので水溶液は塩基性を示す．そのため羊毛や絹糸など動物性繊維の選択には適さない．また，硬水中では Mg^{2+} や Ca^{2+} と不溶性の塩をつくり洗浄力を失う．一方，**陰イオン界面活性剤**は強塩基の塩であるため水溶液は中性を示し，動物性繊維の洗浄にも適している[*12]．硬水中でも Mg^{2+} や Ca^{2+} と不溶性の塩をつくらないので，洗浄力は低下しない．**陽イオン界面活性剤**は水に溶けたときに親水基がセッケンとは反対の電荷をもつので，逆性セッケンともよばれ

*12 ただし洗浄力を高めるために炭酸ナトリウムが加えられている場合があり，この場合には塩基性を示す．

表 12.1 界面活性剤の分類

分類	構造	用途
陰イオン性	CH₃−CH₂−CH₂−CH₂− −C(=O)−O⁻ Na⁺	身体用セッケン
陰イオン性	CH₃−CH₂−CH₂−CH₂− −S(=O)(=O)−O⁻ Na⁺	衣類用洗剤，台所用洗剤，シャンプー
陽イオン性	CH₃−CH₂−CH₂−CH₂− −N⁺(CH₃)₃ Cl⁻	柔軟仕上げ剤，リンス，殺菌剤
両性	CH₃−CH₂−CH₂−CH₂− −N⁺(CH₃)₂−CH₂−C(=O)−O⁻	食器用洗剤，シャンプー
非イオン性	CH₃−CH₂−CH₂−CH₂−−−O−(CH₂−CH₂−O)ₙ−H	衣類用洗剤，住宅用洗剤，乳化剤（食品・化粧品）

る．強力な殺菌作用があるので，殺菌消毒薬に用いられる．また陰イオン性界面活性剤の電荷を中和するので，リンスや柔軟仕上げ剤にも用いられる．**両性界面活性剤**は溶液が塩基性のときは陰イオン界面活性剤として，溶液が酸性のときは，陽イオン界面活性剤としてはたらく．**非イオン性界面活性剤**は，ヒドロキシ基 −OH とエーテル結合 −O− が親水性を示し，水溶液中でもイオン化しない．

12.4 木と紙の有機化学

12.4.1 材料としての「木」

日本では古くから戸建て住宅の主流が木造家屋である．コンクリートや鉄骨の建物に暮らしていても，テーブル，椅子，タンスなどが木製品かもしれない．ピアノやギター，バイオリンといった楽器を弾く読者もいることだろう．さまざまな楽器に木が使われている．材料としての「木」とはどのようなものなのだろうか．

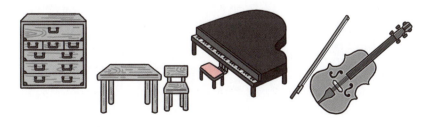

*13 利用するために伐採された樹木の幹の部分を木材，木材を加工して長さや大きさをそろえたものを材木とよぶことが多い．

木材[*13]の主成分はセルロース，リグニン，ヘミセルロースである．セルロースは木材の骨格となる．セルロース分子どうしは互いに水素結合で強く結びついており，これが木材にしなやかな強さを与える．木材中では伐採後数十年から数百年の時間をかけて，セルロースの結晶化が進んでいく．これにともなって木材の強度が増していく．世界文化遺産に登録されている法隆寺の木造建築は 1300 年以上前のものである．

リグニンはベンゼン環をもつ三次元網目状の高分子で，木材に硬さと曲げ強さを与える．樹木が生長していくにつれて樹木内部の隙間を埋めて硬くしていく．これによって植物は重力に逆らって高く伸びていくことができる．リグニンの構造については，まだよくわかっていない．

リグニン

ヘミセルロースは，セルロース以外の水に不溶な多糖の総称である．さまざまな種類の単糖が枝分れをしながらつながった構造をもつ．ヘミセルロースはセルロースとリグニンを結びつける．

Column　木材の替わりになる材料がない

天然のものに代わるさまざまな合成樹脂や合成繊維が開発されてきた．しかし，木材に代わる材料はまだ開発されていない．廃木材や合成樹脂を組み合わせて木材に代わる材料を製造する方法がいろいろ検討されており商品化されているものもあるが，木材のもつ特性（軽量，調湿作用，断熱性能，強度など）をすべて備えた材料はまだ開発されていない．その開発と森林資源枯渇のどちらが先になるのかは，わからない．

12.4.2 紙の化学

木材の樹皮を取り除き,機械的・化学的に処理を施して得た植物繊維を,薄く平らに加工したものが**紙**(paper)である.紙の主成分はセルロースである.

12.5 医薬品の有機化学

12.5.1 生薬から合成医薬品へ

病気の治療や予防には**医薬品**(pharmaceuticals)が用いられる(表12.2).医薬品が生物に与える作用を,**薬理作用**(pharmacological action)とよぶ.そのうち,治療の目的に合った作用を**主作用**(main effect),それ以外の作用を**副作用**(side effect)とよぶ.

表12.2 医薬品の分類

分類	物質名(用途)
化学療法薬	サルファ剤(抗菌剤),ペニシリンG(天然の抗生物質),ペニシリン(天然の抗生物質,とくに結核の治療)
対症療法薬	アセチルサリチル酸(解熱鎮痛剤),サリチル酸メチル(消炎鎮痛剤),アセトアミノフェン(解熱鎮痛剤),炭酸水素ナトリウム(制酸剤),アンモニア水(虫さされ)
殺菌消毒薬	エタノール,クレゾール,ヨウ素とポリビニルピロリドンの複合体(うがい薬),過酸化水素水

6章で学んだとおり,ヤナギの樹皮を噛んでいると熱が下がることが紀元前から知られていた.薬としての効き目を示す天然物をそのまま用いたり,あるいは蒸したり乾燥させたりして加工したものを**生薬**(crude drug)とよぶ.生薬の大半は植物の葉や茎,根などだが,動物や鉱物に由来するものもある.

19世紀になり,ケシの実から麻酔作用・鎮痛作用のあるモルヒネが単離された.これ以降,生薬から有効成分だけを取りだして医薬品として利用するようになった.

モルヒネ

182　12章　衣食住・医薬品の有機化学

　　　　19世紀後半には薬の有効成分の分子構造を解明し，それと同じ構造を
　　　もつ物質や一部を改変した化合物を人工的に合成して医薬品として用いる
　　　ようになった．その最初の例は，6章で学んだ解熱鎮痛剤アセチルサリチ
*13　6章6.6.2参照.　ル酸（アスピリン）である[*13]．これ以降，さまざまな医薬品が合成されて
　　　いる．

アセチルサリチル酸
（アスピリン）

12.5.2　症状をやわらげるか原因を叩くか
——対症療法薬と化学療法薬

　　アセチルサリチル酸のように，病気によって引き起こされる症状をやわら
げる医薬品を**対症療法薬**（symptomatic drug）とよぶ．解熱鎮痛剤に限
らず，市販の風邪薬や胃腸薬などの多くは対処療法薬である．これに対し
て体内に侵入した病原菌を除去するなど，病気の原因を根本的に取り除く
ための医薬品を**化学療法薬**（chemotherapeutic drug）とよぶ．たとえばサ
ルファ剤は病原菌の発育を妨げる薬理作用を示すので，細菌性の化膿疾患
の治療に用いられる．

サルファ剤
Rにはさまざまなアルキル基・アリール基が入る

　　一方，微生物によって生産され，ほかの微生物の発育や機能を妨げる働
きをもつ物質を**抗生物質**（antibiotics）とよぶ．現在では人工的に合成され
る抗生物質もある．代表的な抗生物質にペニシリンやストレプトマイシン
がある．ペニシリンはサルファ剤の効かない感染症の治療でも成果をあげ，
ストレプトマイシンはペニシリンが効かない結核の特効薬として用いられ
た．

ペニシリンG
（天然ペニシリンのひとつ）

抗生物質は微生物による感染症の治療に高い効果を発揮する．しかし長く大量に用いると突然変異によってその抗生物質に強い抵抗性を示す細菌，すなわち**耐性菌**（antibiotic resistant bacteria）が出現し，それによる病院内感染が問題となってきた．そこで，その抗生物質の分子構造の一部を変えることによって，耐性菌にも有効な抗生物質が次つぎに開発されてきた．たとえばペニシリン耐性菌に対しては，ペニシリンの構造を改変したメチシリンが開発された．

メチシリン
（合成ペニシリンの一つ）

しかし，しばらくするとメチシリンが効かないメチシリン耐性黄色ブドウ球菌（MRSA）が出現した．MRSA は異なる仕組みで効果を示す複数の抗生物質に対しての耐性を獲得した菌（多剤耐性菌）である．耐性菌の出現を抑えるためには，抗生物質の使用を最小限にしなければならない．

Column 医薬品の開発はどれくらいたいへんなのか

　アスピリンの合成に成功して以来，人類はさまざまな医薬品を開発してきた．ほかの工業製品と比べて医薬品の開発は，非常に困難な道のりである．一般的なメーカーでは売上高の 2 ～ 6 ％を開発研究費に充てている．これに対して大規模製薬企業では，売上高の 20 ％程度を開発研究費に充てている．年間数千億円の予算で医薬品の開発に取り組んでいる企業もある．これだけの予算を投じて，どの程度の成果が上がっているのだろうか．全世界では数百社の製薬企業が研究に取り組んでいる．そこから 1 年間に新規医薬品として市場にやってくるのは約 15 種類である（1 社からではない．全世界からである）．

　医薬品の製品化までの道のりは非常に長い．薬としての効き目が期待できる化合物の分子構造を設計し，合成方法を探索し，動物実験をおこない，臨床試験をおこない，厳しい審査に合格しなければならない．新薬開発研究はスタートから審査終了までに 15 年程度の時間を要する長期プロジェクトとなる．その途中で 1 箇所でも不都合が生じると，プロジェクトは中止となる．新薬開発研究のほとんどは，ゴールにたどり着かずに終了となる．現在使われている医薬品，これから登場する医薬品は，こうした厳しいチェックを合格してきた，人類最高レベルの化合物である．

184　12章　衣食住・医薬品の有機化学

✔ 12章のまとめ

- ☐ 炭水化物，タンパク質，脂質を3大栄養素やエネルギー産生栄養素とよぶ．
- ☐ 炭水化物のうち，私たちの身体が消化できない食物繊維を除いたものが糖質である．
- ☐ 糖質には，糖類，少糖類，多糖類，糖アルコールがある．
- ☐ タンパク質を構成する20種類のアミノ酸のうち，体内で合成されない・合成されにくく，日常的に食物から摂取しなければならない9種類のアミノ酸を，必須アミノ酸とよぶ．
- ☐ 油脂は消化酵素リパーゼによって脂肪酸とモノグリセリドに分解され，身体に吸収される．
- ☐ 綿，麻，羊毛，絹を4大天然繊維とよぶ．天然高分子の繊維構造を適切な溶媒に溶かした後に繊維として再生させたものが再生繊維である．
- ☐ 天然繊維の構造の一部を変化させた繊維が半合成繊維である．
- ☐ ポリエステル，ナイロン，アクリルを3大合成繊維とよぶ．
- ☐ 水面で水の表面張力を小さくする作用を示す物質が界面活性剤である．
- ☐ 界面活性剤にはセッケンと合成洗剤がある．
- ☐ 合成洗剤には陰イオン界面活性剤，陽イオン界面活性剤，両性界面活性剤，非イオン性界面活性剤がある．
- ☐ 木材の主成分はセルロース，リグニン，ヘミセルロースである．
- ☐ 病気によって引き起こされる症状をやわらげる医薬品を対症療法薬とよび，病気の原因を根本的に取り除くための医薬品を化学療法薬とよぶ．
- ☐ 微生物によって生産され，ほかの微生物の発育や機能を妨げる働きをもつ物質を抗生物質とよぶ．

◉ 章 末 問 題 ◉

1. 3大栄養素の名称を答え，それぞれを含む食材の例をあげよ．
2. 3大栄養素を1g摂取すると，約9 kcal のエネルギーに相当するものと約4 kcal のエネルギーに相当するものに分類せよ．
3. 6,6-ナイロン，ポリエチレンテレフタラート，ポリアクリロニトリルの繰返し構造を記せ．
4. トリプシン，ペプシン，リパーゼを，脂肪の分解にかかわっている酵素とタンパク質の分解にかかわっている酵素に分類せよ．
5. 次の油脂の加水分解によって脂肪酸とモノグリセリドが生じる反応の反応式を記せ．

$$R^1COO-CH_2$$
$$R^2COO-CH \xrightarrow{\text{加水分解}}$$
$$R^3COO-CH_2$$
油脂

6. 4種類の界面活性剤の名称と，それぞれの特徴を述べよ．
7. 次の医薬品を，麻酔作用を示すもの，解熱鎮痛作用を示すもの，化学療法薬（抗生物質ではない）として用いられるもの，抗生物質に分類せよ．

　　アスピリン，サルファ剤，モルヒネ，ペニシリン，ストレプトマイシン

chap 13 医療と生命科学を支援する有機化学

本章のねらい

1. ペプチド合成における保護基の役割を説明できる.
2. ペプチドや DNA の固相合成法の概略を説明できる.
3. サンガーのジデオキシ法による DNA 塩基配列解読の概略を説明できる.
4. PCR による DNA 増幅の原理を説明できる.

13.1 有機化学はどのように医療と生命科学を支援しているのだろうか

　本書では 1 章からさまざまな有機化合物について理解を深めてきた. そして私たち自身も, さまざまな有機化合物が集まって組み立てられていることを学んだ. 本書の最終章としては, 生命科学や医療技術を支援する有機化学について理解を深めることにしよう.

13.2 ペプチドを合成する

　私たちの身体からはホルモン作用, 神経伝達作用, 抗菌作用などを示すさまざまなペプチドが見つかっている. こうした化合物の体内における存在量は非常にわずかなので, くわしく研究するためには, 化学的に合成する必要がある.

13.2.1 ペプチド合成をコントロールする——保護基

　カルボキシ基 $-COOH$ をもつ化合物と, アミノ基 $-NH_2$ をもつ化合物は**縮合剤**(condensation agent)の存在下で脱水縮合し, アミド結合をつくる.

　このしくみを使えば, たとえばアミノ酸 1 とアミノ酸 2 を次のようにつなげたジペプチド[*1]を合成できるように考えられるかもしれないが, そのようにはいかない.

[*1] 9 章 9.3 参照.

$$
\underset{\text{アミノ酸1}}{H_2N-\overset{\overset{\displaystyle R^1}{|}}{CH}-\overset{\overset{\displaystyle O}{\|}}{C}-OH} \quad + \quad \underset{\text{アミノ酸2}}{H_2N-\overset{\overset{\displaystyle R^2}{|}}{CH}-\overset{\overset{\displaystyle O}{\|}}{C}-OH}
$$

$$
\xrightarrow{\text{縮合剤}} \quad \times \quad H_2N-\overset{\overset{\displaystyle R^1}{|}}{CH}-\overset{\overset{\displaystyle O}{\|}}{C}-\overset{\overset{\displaystyle H}{|}}{N}-\overset{\overset{\displaystyle R^2}{|}}{CH}-\overset{\overset{\displaystyle O}{\|}}{C}-OH
$$

意図するジペプチドを合成するのは難しい

　アミノ酸1もアミノ酸2もカルボキシ基 −COOH とアミノ基 −NH$_2$ を合わせもつので，狙った順番でそれぞれが1個ずつ脱水縮合したジペプチドにすることができないからである．生成物はアミノ酸1とアミノ酸2が無秩序につながった，さまざまな長さのペプチドの混合物になってしまう．

$$
\underset{\text{アミノ酸1}}{H_2N-\overset{\overset{\displaystyle R^1}{|}}{CH}-\overset{\overset{\displaystyle O}{\|}}{C}-OH} + \underset{\text{アミノ酸2}}{H_2N-\overset{\overset{\displaystyle R^2}{|}}{CH}-\overset{\overset{\displaystyle O}{\|}}{C}-OH}
$$

ここが反応すると困る　　　　　　ここも反応すると困る

　こうなることを防ぐために，アミノ酸1のアミノ基 −NH$_2$ とアミノ酸2のカルボキシ基 −COOH に**保護基**（protecting group）を取りつけておき，アミド結合の生成にかかわらないようにしておく．保護基とは，特定の化学反応から官能基を保護しておくために導入され，後から取り除くことができる原子団である．アミノ基 −NH$_2$ とカルボキシ基 −COOH には，たとえば次のような保護基が用いられる．

$$
H_2N-\overset{\overset{\displaystyle R^1}{|}}{CH}-\overset{\overset{\displaystyle O}{\|}}{C}-OH \xrightarrow{\text{保護基導入}} H_3C-\overset{\overset{\displaystyle CH_3}{|}}{\underset{\underset{\displaystyle CH_3}{|}}{C}}-O-\overset{\overset{\displaystyle O}{\|}}{C}-\overset{\overset{\displaystyle H}{|}}{N}-\overset{\overset{\displaystyle R}{|}}{\underset{\underset{\displaystyle H}{|}}{C}}-\overset{\overset{\displaystyle O}{\|}}{C}-OH
$$

$$
H_2N-\overset{\overset{\displaystyle R}{|}}{\underset{\underset{\displaystyle H}{|}}{C}}-\overset{\overset{\displaystyle O}{\|}}{C}-OH \xrightarrow{\text{保護基導入}} H_2N-\overset{\overset{\displaystyle R}{|}}{\underset{\underset{\displaystyle H}{|}}{C}}-\overset{\overset{\displaystyle O}{\|}}{C}-O-CH_3
$$

　N末端からアミノ酸1–アミノ酸2の順に結合したジペプチドを合成するときには，図13.1のように操作を進めればよい．

　この操作を繰り返していけば，アミノ酸を数十個つなげたペプチドを合成することができる．3個以上のアミノ酸がつながったペプチドを合成するときには，C末端からN末端に向けてペプチド鎖を伸ばしていく．この向きは細胞内におけるリボソームでのポリペプチド合成と逆向きである．この合成法は有機溶媒中でおこなわれるので，後述の固相合成法に対してペプチドの**液相合成法**（liquid phase peptide synthesis）とよぶ．ペプチドどうしを連結して長いペプチドにすることもできる．

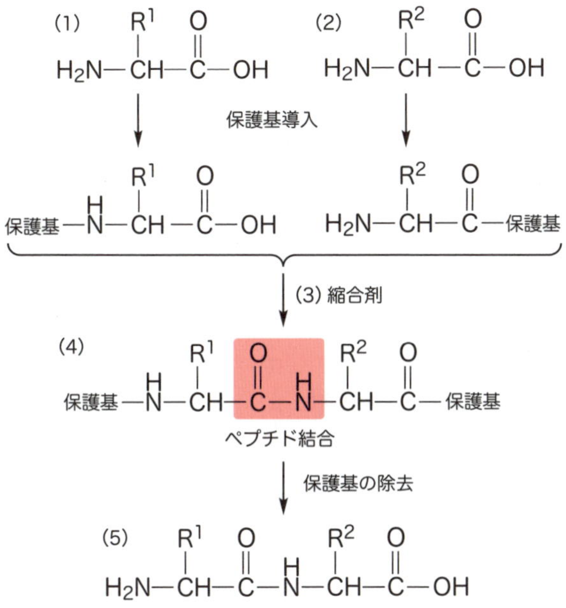

13.2 ペプチドを合成する

図 13.1　液相合成法によるジペプチドの合成
(1) N末端ペプチドのアミノ基に保護基を取りつけておき，(2) C末端ペプチドのカルボキシ基に保護基を取りつけておく．(3) 縮合剤で処理すると，(4) 2個のアミノ酸が脱水縮合性してペプチド結合ができる．(5) 保護基を取り外して目的のジペプチドを得る．

例題 13.1　保護基の導入された次の2つのアミノ酸を脱水縮合した後，保護基を外して得られるジペプチドの構造を記せ．

 解答 13.1

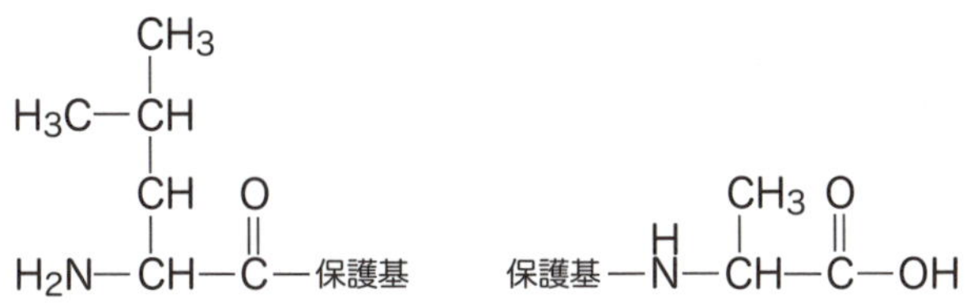

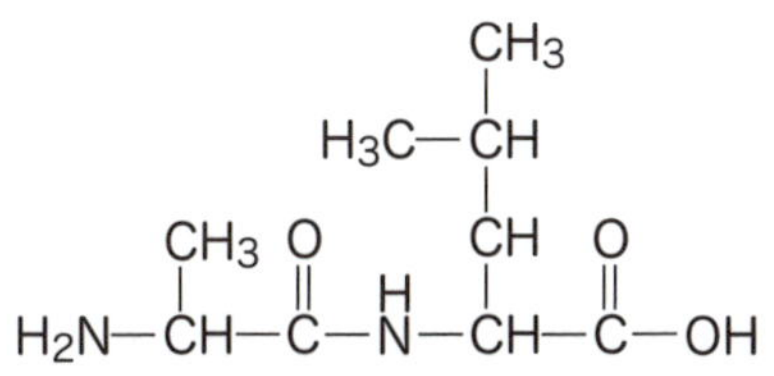

13.2.2　ペプチド合成を自動化する――固相法ペプチド合成

アミノ酸を連結してペプチド鎖を伸ばしていく合成法は，煩雑な操作の繰返しとなる．そこで，液相合成法を簡略化した，**メリフィールドのペプチド固相合成法**（Merrifield solid phase peptide synthesis）が開発された[*2]．この方法では合成樹脂のビーズ（直径0.1 mm程度）に1個目のアミノ酸を共有結合しておき，ここに次つぎとアミノ酸をつないでいく．

[*2] R. B. Merrifield によって開発された．

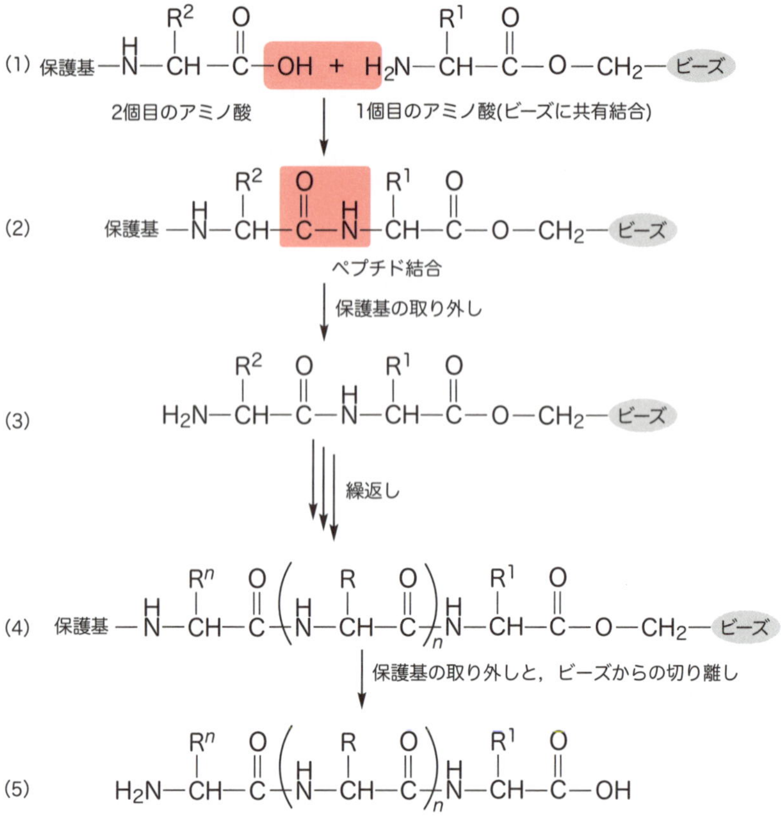

13章　医療と生命科学を支援する有機化学

(1) 保護基—N—CH—C—OH + H₂N—CH—C—O—CH₂—ビーズ

2個目のアミノ酸　　　　1個目のアミノ酸(ビーズに共有結合)

(2) 保護基—N—CH—C—N—CH—C—O—CH₂—ビーズ

ペプチド結合

保護基の取り外し

(3) H₂N—CH—C—N—CH—C—O—CH₂—ビーズ

繰返し

(4) 保護基—N—CH—C—N—CH—C—N—CH—C—O—CH₂—ビーズ

保護基の取り外しと，ビーズからの切り離し

(5) H₂N—CH—C—N—CH—C—N—CH—C—OH

図 13.2　メリフィールドのペプチド固相合成法
(1) 1個目のアミノ酸をビーズに共有結合しておく．ここに2個目のアミノ酸を与える．この2個目のアミノ酸のアミノ基 $-NH_2$ には保護基が取りつけられている．(2) 1個目のアミノ酸と2個目のアミノ酸が脱水縮合し，ペプチド結合ができる．(3) 保護基を取り外す．(4) 以上の操作を繰り返すと，長いペプチド鎖ができる．(5) 保護基を取り外し，ビーズから切り離して，目的のペプチドを得る．

この方法は機械化・自動化されている．アミノ酸の結合やビーズの洗浄，保護基の取り外しは，コンピュータ制御の**ペプチドシンセサイザー**（peptide synthesizer）でおこなわれる．必要な材料をセットしてコンピュータに配列を入力すれば，数時間で数十残基のペプチドを数ミリグラムの量で得ることができる[*3]．

*3　日常生活の感覚ではミリグラムというとごくわずかな量だが，生命科学や基礎医学の研究においてはミリグラムで十分な場合が珍しくない．

> **例題 13.2**　ペプチド結合を20個もつオリゴペプチドを合成するとき，ペプチド結合1回につき問題なく結合がつくられる割合が95％だとすると，反応開始時の1個目のアミノ酸の数を100％としたとき，合成される目的ペプチドの数は何％になるか．
>
> **解答 13.2**　36 %
>
> **解説 13.2**　$(0.95)^{20} = 0.358948\cdots\cdots = 36\ \%$

13.3 DNA の合成にも固相法の考え方を応用できる

　ペプチド固相合成法の考え方に基づいて，DNA の固相合成法も開発され，普及した．この反応は **DNA シンセサイザー**（DNA synthesizer）でおこなう．数時間で数十塩基の一本鎖 DNA を，数ミリグラムの量で得ることができる．

　ポリペプチドと比べてポリヌクレオチドは複雑な構造をもつので，ペプチド合成と DNA 合成ではさまざまな点に違いがある．まず，1 個目のヌクレオチドを固定しておくのは樹脂ビーズではなく，シリカ SiO_2 の表面である．ここに次つぎとヌクレオチドをつないでいくが，そのヌクレオチドは核酸塩基のアミノ基 $-NH_2$ にも保護基を導入しておく必要がある．また，リン酸基にも複雑な修飾を施しておき，連結後にこれを処理する操作が求められる．最後のヌクレオチドが結合したら，保護基の取り外しとシリカからの切り離しを同時におこなう．DNA シンセサイザーでの DNA 合成は，3′ 側から 5′ 側に向けて進んでいく．これは細胞内における DNA 合成の向きとは逆である[*4]．

[*4] 10 章 10.1.4 参照.

13.4 DNA の配列を読む

DNA シーケンシング

　これまでに人間を含めさまざまな生物の DNA 塩基配列が解読されてきた．ここでは，**サンガーのジデオキシ法**（Sanger dideoxy method）が広く用いられている[*3]．この反応は，次の 5 種類の要素を含む水溶液中で進む．

1. 鋳型 DNA：すでに配列がわかっている DNA（数塩基から数十塩基）に連結された，これから配列を解読したい DNA[*6]
2. プライマー：鋳型 DNA の，すでに配列がわかっている部分に相補的な配列をもつ一本鎖 DNA．DNA シンセサイザーで合成しておく．
3. dNTP：4 種類のデオキシリボヌクレオシド三リン酸（dATP, dCTP, dGTP, dTTP）．10 章で学んだ．
4. 蛍光標識 ddNTP：d が 2 つ並んでいることに注意せよ．dNTP がもつ $-OH$ のひとつが欠けたヌクレオチド．これが合成途中の DNA の 3′ 末端に結合すると，そこで DNA 合成が止まる．核酸塩基には色素が共有結合している．4 種類の核酸塩基に対して，

[*5] F. Sanger が発明した.

[*6] すでに配列がわかっている DNA に，配列未知の DNA を結合させる方法については，説明を省略する．組み換え DNA 技術が用いられる.

色素は4色あり，A, C, G, T それぞれ異なったものが割り当てられている

ジデオキシリボヌクレオシド三リン酸
(ddNTP)

−OHがないので，これ以上ヌクレオチド鎖は延びない

それぞれ異なる色素が結合している（たとえば A には緑，T には赤など）．

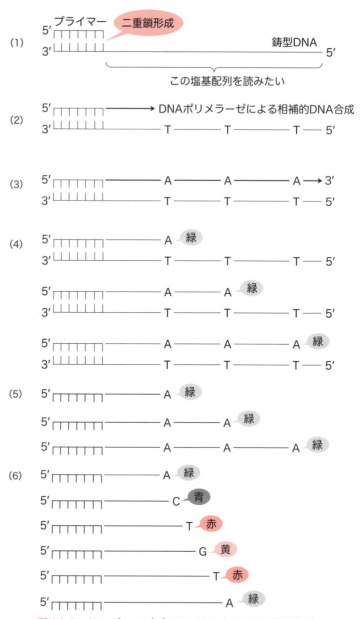

図 13.3 サンガーのジデオキシ法による DNA 配列解読

(1) 鋳型 DNA は配列がわかっている部分と，これから読みたい配列が組み合わさっている．配列がわかっている部分に相補的配列をもつプライマーが結合する．(2) DNA ポリメラーゼが dNTP を次つぎとプライマーにつないでいき，鋳型に対して相補的な配列の DNA を合成していく．(3) ここで ddNTP を混ぜていなければ，鋳型 DNA 内のすべての T に対して A が塩基対をつくりヌクレオチド鎖は延びていく．(4) 実際には ddATP が混ざっているので，鋳型 DNA 内のすべての T において，その場所でヌクレオチド鎖の合成が止まった相補鎖ができる．ddATP には緑色の色素が共有結合しているので，合成された DNA の 3′ 末端には緑色の色素がついている．(5) 反応が終了すると，さまざまな長さの生成物の混合物ができている．いずれも 3′ 末端に緑色の色素がついている．(6) これと同じことを ddCTP（青），ddGTP（黄），ddTTP（赤）も混ぜておこなう．生成物はさまざまな鎖長の一本鎖 DNA であり，どの DNA も 4 色のうちのどれかひとつの色素と結合している．それぞれの鎖長の DNA には，どれか 1 色の色素が対応している．

5. DNA ポリメラーゼ：一本鎖 DNA を鋳型に，dNTP をつないで相補的な DNA を合成する酵素．

図 13.3 にサンガーのジデオキシ法による DNA 配列解読を示す．まず，**プライマー**（primer）が鋳型 DNA と二重鎖をつくる．次に，DNA ポリメラーゼが，プライマーに dNTP を次つぎとつなげていきながら，鋳型 DNA に相補的な配列の DNA を合成していく．鋳型 DNA 中の T に対して，一定の確率で ddATP が水素結合をつくり，1 個目の T，2 個目の T，3 個目の T，……で反応が停止する．ddATP には緑色の色素が共有結合しているので，合成された DNA の 3′ 末端には緑色の色素がついている．反応が終了すると，さまざまな長さの生成物の混合物ができている．いずれも 3′ 末端に緑色の色素がついている．これと同じことを，ddCTP（青），ddGTP（黄），ddTTP（赤）も混ぜておこなう．生成物はさまざまな鎖長の一本鎖 DNA であり，どの DNA も 4 色のうちのどれかひとつの色素と結合している．それぞれの鎖長の DNA には，どれか 1 色の色素が対応している．

反応産物の解析には，**キャピラリー電気泳動法**（capillary electrophoresis）とよばれる分析技術が利用されている．内径数十 μm の毛細管に DNA 混合物溶液を注入し，電場をかけると，短い DNA から順に毛細管から流れ出てくる．DNA は 1 塩基の長さの違いで分離され，それぞれ 4 色のうちのどれかの色素が結合しているので，その色をレーザー光線を使って読み取り，記録していく．色の順番が塩基配列となっており，たとえば ddATP（緑），ddCTP（青），ddGTP（黄），ddTTP（赤）を用いたときに，緑青赤黄赤緑の順なら，5′–ACTGTA–3′ である．この操作は機械化され，**DNA シーケンサー**（DNA sequencer）でおこなわれている．

13.4.1 ヒトの遺伝子を読み取る——ヒトゲノム計画

生物がもつ全染色体を構成する DNA の全塩基配列を，その生物の**ゲノム**（genome）とよぶ．これまでにさまざまな生物のゲノム DNA 塩基配列が，サンガーのジデオキシ法を用いて解読されてきた．ヒトのゲノムについても，1990 年に始まった国際プロジェクト「**ヒトゲノム計画**」（human genome project）で解読が進められた[*7]．2003 年に当時の技術で解読可能だった範囲すべての解読が終了し，プロジェクトは終了となった[*8]．ゲノム DNA のサイズは約 30 億塩基対であり，タンパク質をコードする遺伝子の数は約 2 万個と見積もられた．

ヒトゲノム計画の成果によって，医療が大きく進歩することが期待されている．たとえば病気や薬効，副作用などには，遺伝情報がかかわるものがある．患者の DNA 配列を読み取って，その患者に適した治療をおこなう**テーラーメイド医療**（personalized medicine）が実現するかもしれない．

[*7] 日本は 21 番染色体のうちの約 50 ％を解読した．

[*8] 全 DNA 配列の 92 ％を解読した．ここにはタンパク質をコードする遺伝子の 99 ％以上が含まれている．

13章　医療と生命科学を支援する有機化学

13.5　DNA をネズミ算式に増やす

PCR

　20世紀，さまざまな発明や発見が科学技術を飛躍的に発展させた．本書で学んできた有機化学に関連するものごとだけでもプラスチックの発明があり，抗生物質の発見があり，DNA 二重らせん構造の発見があり，遺伝暗号の解読があった．ほかの分野でも，これらと同等か，それ以上のさまざまな発明や発見があった．自然科学や技術の専門家に，20世紀最大の発明発見をひとつ選んでほしいというアンケートをおこなったとしたら，じつにさまざまな回答が集まり，第1位を決めることは難しいだろう[*9]．しかし，3つ選んでほしいというアンケートをおこなったら，大多数の人びとがその3つのなかに含めて，結果として圧倒的に1位の座を獲得する発明がある．それは，**ポリメラーゼ連鎖反応**（polymerase chain reaction, **PCR**）である．

*9　宇宙工学，原子力工学，エレクトロニクスなど，19世紀には存在しなかった分野もある．そしてこれらの分野の進歩に，有機化学も直接的・間接的にかかわっている．

13.5.1　なぜ DNA を増やすのか

　犯罪現場に残されていたわずかな量の DNA が捜査の手がかりになることがある．生物学の研究標本や，患者の体液から DNA を取りだしたいとき，大量にサンプリングできるとは限らない．少ない DNA サンプルを増

Column　実験操作の自動化で科学が進歩し普及する

　ペプチド合成は煩雑な操作を繰り返して進めていくものであり，熟練した実験技術が求められる．ペプチド固相合成法を開発したメリフィールド博士は研究に必要なペプチドを自分で合成しようとして上手くいかず，自分自身の合成技術に見切りをつけ，ペプチド合成を機械化する研究を始めた．合成法の簡易化と装置の自動化を進め，アミノ酸を124個つなぎ，リボ核酸分解酵素を化学合成することに成功した．現在では生命科学や基礎医学の研究で必要なペプチドは，ほとんどの場合にペプチド固相合成法で合成されている．ペプチド固相合成法が開発されなかったら，DNA 固相合成法も開発されなかっただろう．そして，生命科学や基礎医学，医療も現在のレベルまで発展していなかっただろう．

　実験操作の自動化は，PCR の普及においても重要であった．PCR では 95 ℃→55 ℃→72 ℃といった温度変化を繰り返す．この反応はサーマルサイクラーとよばれる温度可変装置を用いておこなう．ここにはペルチェ素子（電気を通じると温度を上げたり下げたりする半導体）を用いた加熱冷却ユニットが組み込まれており，温度サイクルはコンピュータ制御されている．サンプルをセットし熱サイクルを入力してスタートさせれば，自動的に DNA が増幅される．PCR 開発当初は温度の異なる温水の入った容器を3つ並べておき，実験者がサンプル容器を温水から温水へと何十回も移動させていた．これでは DNA 分析法として普及しない．自動化それ自体に自然科学的な発見がなくても，自動化によって自然科学と技術が発展し，社会を豊かにすることがある．

幅する技術が必要である．PCR を用いれば，原理的には 1 分子の DNA を 2^{30} 分子，すなわち約 10 億分子に増やすことができる．そして，そこからの DNA 配列の解読も可能になる．

13.5.2　どのように増やすのか

PCR は，次の 4 種類の要素を含む水溶液中で進む．

1. 鋳型 DNA：複製しようとする二本鎖 DNA
2. プライマー：複製したい DNA 配列の末端部分と相補的配列
3. dNTP
4. 耐熱性 DNA 合成酵素

反応は，温度を高速に切り換えられる装置**サーマルサイクラー**（thermal cycler）でおこなう．まず反応溶液を 95 ℃に加熱すると，二本鎖 DNA がほどけて一本鎖 DNA になる．ここで温度を 55 ℃に下げると[*10]，ほどけた鋳型 DNA にプライマーが水素結合する．続いて温度を 72 ℃にすると，DNA ポリメラーゼが鋳型 DNA と水素結合しているプライマーに dNTP をつなげて相補的 DNA を合成する．この段階で 1 分子の DNA が 2 分子にコピーされたことになる．こうした操作を 30 回程度繰り返す（図 13.4）．

[*10] この温度は必ずしも 55 ℃とは限らない．プライマーの配列に応じて調節する．

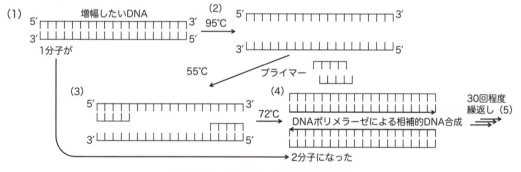

図 13.4 PCR による DNA の増幅

(1) 増幅したい二本鎖 DNA に，(2) 95 ℃の熱をかけると二本鎖がほどけて一本鎖になる．(3) 温度を 55 ℃に下げると鋳型 DNA にプライマーが水素結合する．(4) 温度を 72 ℃にすると DNA ポリメラーゼがプライマーに dNTP を次つぎとつないでいき，相補的 DNA を合成する．この段階で 1 本の DNA から 2 本の DNA が合成された．(5) 以上の操作を 30 回程度繰り返す．

13.5.3　増えるか増えないか，そこが問題だ

PCR は感染症の原因を調べる検査方法としても使われている．たとえば特定のウイルスに感染しているかどうかを確かめたいのであれば，そのウイルスの DNA には存在するが，人体にもほかの生き物やウイルスにも存在しない特徴的な塩基配列をプライマーの配列に選んで，患者から採取したサンプル（鼻咽頭ぬぐい液や唾液など）に対して PCR をおこなえばよい．PCR の結果，DNA の増幅が確認できたなら，陽性と判断する[*11]．

PCR は極微量の RNA に対してもおこなうことができる．10 章で学んだ逆転写酵素を使って RNA から DNA を合成し，この DNA に対して

[*11] 陽性であっても感染しているとは断定できない．たとえば空気中を漂っていた，すでに感染能力を失っていたウイルスを吸い込み，そこに含まれていた RNA が RT-PCR で増幅された可能性も否定できない．

194 13章 医療と生命科学を支援する有機化学

PCR をおこなえばよい. 逆転写と PCR とを組み合わせた方法を, **逆転写ポリメラーゼ連鎖反応**（reverse transcription polymerase chain reaction, **RT-PCR**）とよぶ[*12]. 新型コロナウイルスの検査では, RT-PCR が使われた.

*12 リアルタイム PCR という技術もあり, これも RT-PCR と略されるので, 注意が必要である.

13.6 mRNA ワクチンで感染症と戦う

生体分子の化学についての理解が深まり, 生体分子を合成する技術や, 分析する技術が発展してきたので, その成果が医療に応用されるようになった. 2019 年からの新型コロナウイルス感染症に対しては, mRNA をワクチンとして利用する対策がとられ, 感染症拡大防止に大きな成果をあげた. この mRNA ワクチンは, 次のように製造する.

コロナウイルスを構成するタンパク質のひとつに, スパイクタンパク質（spike protein）がある. このタンパク質のアミノ酸配列をコードする配列と, 転写や翻訳などに関係する制御配列を合わせもった DNA をつくる. その長さは約 4,200 塩基対である. この DNA は PCR で増幅する.

次に, 試験管内で DNA から mRNA への転写反応をおこなう. この反応には DNA を鋳型に RNA を合成する **RNA ポリメラーゼ**（RNA polymerase）を用いる. RNA 合成の単量体としては, ATP, CTP, GTP, UTP を用いる[*13]. 転写後の mRNA の末端には mRNA を体内で安定に保つための修飾を施す[*14].

*13 実際には UTP ではなく, U が修飾されているヌクレオチドを用いる. こうすることによって免疫系がこの mRNA に反応しなくなるとともに, タンパク質生産量を増やすことができる.

RNA は親水性なので細胞膜（疎水性）を通り抜けることができない. そこで, 4 種類の脂質と混ぜて製剤する. これが mRNA ワクチンとして用いられる. 脂質には mRNA を安定に保つ役割もある. この脂質のなかには, 8 章で学んだリン脂質やコレステロールが含まれている. また, 11 章で学んだポリエチレングリコール（PEG）が共有結合したリン脂質も含まれている.

*14 キャップ構造とよばれる構造を取りつける.

mRNA ワクチンを筋肉注射すると, 10 章で学んだしくみで mRNA にコードされた情報が翻訳され, スパイクタンパク質が合成される. これを人体の免疫系が異物として認識し, 再び同じ異物が侵入してきたとき（つまりコロナウイルスに感染したとき）に排除できる状態を整える.

新型コロナウイルスワクチンはウイルスの遺伝子情報が得られてから 1 年以内で開発された. 数年から数十年の開発期間が必要な従来のワクチン

と比べて，mRNA ワクチンは開発に必要な時間を圧倒的に短くすること
ができる．変異株に対するワクチンを開発するにあたっても mRNA 配列
だけを変えればよく，安全性の確認は mRNA から翻訳されて生じるタン
パク質についてのものだけでよい．新型コロナウイルスに限らず，インフ
ルエンザやエイズ，マラリアの mRNA ワクチン開発も始まっている．また，
がん細胞を標的とする mRNA ワクチンの開発も進められている．

Column 「選択と集中」では人類は生き残れない

　新型コロナウイルス感染症が PCR を知る
きっかけになったという人びとも珍しくはな
い．2020 年以降の感染症との戦いにおいて，
PCR がなかったならば人類は実際以上に苦
戦を強いられたことだろう．

　PCR には反応溶液の温度を水の沸点近く
まで上昇させるステップが組み込まれている
ので，DNA 合成酵素は高熱に耐えなければ
ならない．しかし通常のタンパク質は加熱す
ると失活してしまうので (9 章)，PCR には「耐
熱性」DNA 合成酵素が用いられている．こ
の酵素はどこから手に入れたのだろうか？耐
熱性 DNA 合成酵素は，1970 年代にアメリ
カのイエローストーン国立公園内の温泉から
単離された，高温環境下で暮らす微生物「高
度好熱菌」がもっていたのである．この酵素
がなければ，PCR は実用化されなかった．

　世のなかのほとんどの人びとは，「熱水中
にも生き物はいるだろうか？」などというこ

とは一生の間に一度も考えない．しかし世界
は広く，そうした疑問を抱く人びとがおり，
そういうものごとに興味をもって研究を進め
る人びともいて，その結果，人類は耐熱性
DNA 合成酵素を手にしていたのである．
1970 年代に温泉水のサンプリングをおこ
なった人びとは，自分たちの研究材料のなか
の酵素が，半世紀先の人類を襲う感染症拡大
の危機で活躍するなどとは想像していなかっ
たことだろう．

　人類が生き残るためには，この世界を幅広
く科学的に理解していく必要がある．目標を
絞り込んで，その時代の主流となっている思
考で研究を進めても，将来発生するさまざま
な問題は解決できない．PCR の実用化と普
及は，自然科学の研究に「選択と集中」の考え
方が適さないことを教えてくれる，とてもわ
かりやすい例になっている．

196   13章　医療と生命科学を支援する有機化学

✔ 13章のまとめ

- 特定の化学反応から官能基を保護しておくために導入され，後から取り除くことができる原子団が保護基である．
- 有機溶媒中でおこなうペプチド合成を，ペプチドの液相合成法とよぶ．
- メリフィールドのペプチド固相合成法により，煩雑なペプチド合成が簡略化された．
- メリフィールドのペプチド固相合成法は，ペプチドシンセサイザーでおこなう．
- DNA 合成は DNA シンセサイザーを用いて固相法でおこなう．
- サンガーのジデオキシ法が DNA 塩基配列解読に広く用いられてきた．
- ポリメラーゼ連鎖反応(PCR)により，DNA を増幅することができる．
- PCR にはサーマルサイクラーを用いる．
- RNA ポリメラーゼを用い，DNA を鋳型にして試験管内で RNA を合成することができる．
- mRNA ワクチンは mRNA と脂質の混合物である．

⬡ 章 末 問 題 ⬡

1. アミノ酸 1 とアミノ酸 2 を，N 末端からアミノ酸 1−アミノ酸 2 の順でつないだジペプチドを合成したい．用意する保護基が導入されたアミノ酸はどれとどれか．

2. 単量体を 20 回結合して DNA を化学合成する場合，1 個目のアミノ酸を基準に，すべての単量体がつながった DNA を 90 % 以上の収率で得るためには，単量体が結合する反応は平均して何パーセントの結合成功を収めなければならないか．

3. PCR で DNA を増幅する場合，1 分子の DNA は 25 回の反応で理論上，何分子まで増幅されるか．

4. 次の装置のうち，DNA の増幅，DNA の塩基配列解読，DNA の合成，ペプチドの合成，に用いるものはそれぞれどれか．

　　ペプチドシンセサイザー，DNA シンセサイザー，サーマルサイクラー，DNA シーケンサー

付録 有機化合物の構造から名前をつける方法

有機化合物の名称には，その物質の由来に関係する名称(**慣用名**)が使われてきた．その後，系統的な命名法が必要となり，国際純正および応用化学連合(International Union of Pure and Applied Chemistry)によって，**IUPAC 命名法**にまとめられた．すべての有機化合物は，IUPAC 命名法で命名することができる(**IUPAC 名**)．ただし，IUPAC 命名法のなかにいくつかの命名法があり，さらに，慣用名が用いられていることもあるので，ひとつの化合物がいくつもの名称をもつ場合がある．

(例)
$H_3C-\underset{OH}{\overset{|}{C}}-CH_3$
2-プロパノール (2-pronanol)
プロパン-2-オール (propane-2-ol)
イソプロピルアルコール (isopropyl alchol)
イソプロパノール (isopropanol)

次に，おもな IUPAC 命名法に従って，いくつかの命名の例をあげる．

直鎖アルカン

直鎖アルカンの名称は英語では語尾がすべて -ane（アン）で終わる．炭素数 1 から 10 までの直鎖アルカンの名称は次のとおりである．

直鎖アルカンの名称

炭素数	分子式	英語名称	日本語名称
1	CH₄	meth<u>ane</u>	メタン
2	C₂H₆	eth<u>ane</u>	エタン
3	C₃H₈	prop<u>ane</u>	プロパン
4	C₄H₁₀	but<u>ane</u>	ブタン
5	C₅H₁₂	pent<u>ane</u>	ペンタン
6	C₆H₁₄	hex<u>ane</u>	ヘキサン
7	C₇H₁₆	hept<u>ane</u>	ヘプタン
8	C₈H₁₈	oct<u>ane</u>	オクタン
9	C₉H₂₀	non<u>ane</u>	ノナン
10	C₁₀H₂₂	dec<u>ane</u>	デカン

枝分かれのあるアルカン

枝分かれがあるアルカンの場合には，分子のなかでもっとも長い炭素鎖（主鎖）をもとにして，枝の部分（側鎖）を命名する．側鎖の位置は，主鎖の端からつけた位置番号で示す．このとき，位置番号がもっとも小さくなるように番号をつける．

(例)
$H_3C-\overset{CH_3}{\overset{|}{CH}}-CH_2-CH_2-CH_3$
○ 1 2 3 4 5 2-メチルペンタン (2-methylpentane)
× 5 4 3 2 1 4-メチルペンタン (4-methylpentane)

(考え方)
メチル基 CH_3-
が，
ペンタン $H_3C-CH_2-CH_2-CH_2-CH_3$
　　　　　 1　　2　　3　　4　　5
の，2番目の炭素から枝分かれしている

アルケン

アルケンの場合には二重結合1個を含むもっとも長い炭素鎖を主鎖として，相当するアルカンの語尾をエン(-ene)に変える．二重結合の位置は最小の位置番号で示す．炭素数の少ないアルケンは慣用名でよぶことが多い．

(例)
$H_3C=CH-CH_2-CH_3$
○ 1 2 3 4 1-ブテン (1-butene)
× 4 3 2 1 4-ブテン (4-butene)

$H_2C=CH_2$　　　　　$H_2C=CH-CH_3$
IUPAC名 エテン(ethene)　IUPAC名 プロペン(propene)
慣用名 エチレン(ethylene)　慣用名 プロピレン(propylene)

アルキン

アルキンの場合には三重結合1個を含むもっとも長い炭素鎖を主鎖として，相当するアルカンの語尾をイン(-yne)に変える．二重結合の位置は最

小の位置番号で示す．炭素数の少ないアルキンは慣用名でよぶことが多い．

(例)

H₃C≡C—CH₂—CH₃
○ 1　2　3　4　1-ブチン (1-butyne)
× 4　3　2　1　4-ブチン (4-butyne)

H—C≡C—H
IUPAC名 エチン (ethyne)
慣用名 アセチレン (acetylene)

アルコール

アルコールの場合にはもとの炭素水素名の語尾の e を取り，オール (-ol) をつけて命名する．ヒドロキシ基 –OH の位置は，最小の位置番号で示す．炭化水素基の名称にアルコール alcohol をつけて命名してもよい．

(例)

H₃C—OH
メタノール (methanol)
メチルアルコール (methyl alcohol)

H₃C—CH₂—OH
エタノール (ethanol)
エチルアルコール (ethyl alcohol)

　　　OH
　　　|
H₃C—CH—CH₂—CH₃
○ 1　2　3　4　2-ブタノール (2-butanol)
× 4　3　2　1　3-ブタノール (3-butanol)

アルデヒド

アルデヒド場合にはもとの炭素水素名の語尾の e を取り，アール (al) をつけて命名する．ただし，炭素数の少ないアルデヒドは慣用名でよばれることが多い．

(例)

H—C(=O)—H
IUPAC名 メタナール (methanal)
慣用名 ホルムアルデヒド (formaldehyde)

H₃C—C(=O)—H
IUPAC名 エタナール (ethanal)
慣用名 アセトアルデヒド (acetaldehyde)

カルボン酸

多くのカルボン酸は IUPAC 名よりも慣用名でよぶ．

H—C(=O)—OH
IUPAC名 メタン酸 (methanoic acid)（あまり使われない）
慣用名 ギ酸 (formic acid)

H₃C—C(=O)—OH₃
IUPAC名 エタン酸 (ethanoic acid)（あまり使われない）
慣用名 酢酸 (acetic acid)

エステル

エステルの場合にはカルボン酸名にアルコールに由来する炭化水素基の名称をつける．

(例)

H₃C—C(=O)—O—CH₂—CH₃
酢酸エチル (ethyl acetate)
酢酸 (acetic acid) とエチルアルコール (ethyl alchol)

H—C(=O)—O—CH₃
ギ酸メチル (methyl formate)
ギ酸 (formic acid) とメチルアルコール

ケトンとエーテル

ケトンやエーテルでは〜ケトンや〜エーテルという名称にすることが多い．

(例)

H₃C—C(=O)—CH₂—CH₃
エチルメチルケトン (ethyl methyl ketone)
※メチルエチルケトン (methyl ethyl ketone) にはしない．アルファベット順にする (m より e が優先される)．

H₃C—O—CH₂—CH₃
エチルメチルエーテル (ethyl methyl ether)

H₃C—C(=O)—CH₃
ジメチルケトン (dimethyl ketone)（同じ基が 2 つあるときは「ジ (di)」を用いる）
慣用名 アセトン (acetone)（ほとんどの場合，こちらが用いられる）

H₃C—CH₂—O—CH₂—CH₃
ジエチルエーテル (diethyl ether)

化合物索引

❖ 英数字 ❖

α-シアノアクリル酸エステル	165
α-シアノアクリル酸エチル	110
β-カロテン	58
1,2-エタンジオール	63
1,3-ブタジエン	57
1-プロパノール	48
2,4,6-トリニトロトルエン（TNT）	109
2-プロパノール	48, 62
6-ナイロン	164
6,6-ナイロン	97, 164
ADP	147
AMP	147
ATP	147
ddNTP	189
DDT	85
m-キシレン（メタキシレン）	88
m-クレゾール	92
o-キシレン（オルトキシレン）	88
o-クレゾール	92
p-アミノ安息香酸エチル	92
p-キシレン（パラキシレン）	88
p-クレゾール	92

❖ あ ❖

アクリル酸	53
アクリロニトリル	53
アシクロビル	79
アジピン酸	164
アスパラギン	98, 128
アスパラギン酸	128
アスパルテーム	132
アセスルファムカリウム	172
アセチルコリン	101
アセチルサリチル酸（アスピリン）	81, 91, 182
アセチレン	6, 25
アセトアニリド	85, 86, 97
アセトアミノフェン（カロナール）	81, 105
アセトアルデヒド	68
アセトニトリル	109
アセトン	68, 87
アデニン	98, 103, 142
アデノシン一リン酸	147
アデノシン二リン酸	147
アデノシン三リン酸	147

アニリン	85
アミグダリン	111
アミロース	117
アミロペクチン	117
アラニン	128
アルギニン	98
安息香酸	89, 90
安息香酸ナトリウム	90
アンドロステロン	123
イソプレン	58
イソプロパノール（イソプロピルアルコール）	62
イソロイシン	128
イノシン一リン酸	149
イノシン酸	149
イブプロフェン	81
イミダゾール	102
インドール	102
ウラシル	98, 103, 146
エストラジオール	122
エタノール	48, 61
エタン	19
エチニルエストラジオール	124
エチルベンゼン	86
エチレン	6, 23, 53
エチレンオキシド	168
エチレングリコール	63
塩化ビニリデン	56
塩化ビニル	53
オセルタミビル（タミフル）	74

❖ か ❖

カフェイン	103
カプロラクタム	164
ガラクトース	116
ガンシクロビル	154
グアニル酸	149
グアニン	98, 103, 142
グアノシン一リン酸（GMP）	149
クメン	87
グリコーゲン	117
グリコール酸	161
グリシン	128
グリセリン（グリセロール）	63
グルコース	113
グルタミン	98, 128
グルタミン酸	34, 128

クレゾール	92	デオキシリボース	142
クロラムフェニコール	109	デオキシリボヌクレオシド	142
クロロホルム	20	デオキシリボヌクレオシド一リン酸	143
ケラチン	135	デオキシリボヌクレオシド二リン酸	143
コルチゾン	123	デオキシリボヌクレオシド三リン酸	143
コレステロール	122	デオキシリボヌクレオチド	143
		デキストリン	173

❖ さ ❖

		テストステロン	123
酢酸	69	テトラフルオロエチレン	53
酢酸イソペンチル	72	テレフタル酸	73
酢酸エチル	71	テレフタル酸メチル	74
酢酸オクチル	72	デンプン	113
酢酸ナトリウム	72	トリクロロメタン	20
酢酸ビニル	53, 78	トリプトファン	81, 98, 103, 128
酢酸ペンチル	72	トリペプチド	130
サラン	55	トリメチルアミン	101
サリシン	91	トルエン	87
サリチル酸	91	トレオニン	12, 128
サリチル酸メチル	92		

❖ な ❖

サリドマイド	36		
ジエチルエーテル	75	ナイロン6	164
ジギトキシゲニン	123	ナイロン66	164
シクロヘキサン	31	ニコチン	104
ジクロロジフェニルトリクロロエタン（DDT）	85	ニコチン酸（ビタミンB_3）	102
システイン	128	ニトリル	99
シトシン	98, 103, 142	ニトログリセリン	97, 109
酒石酸	42	ニトロベンゼン	85
シリコーン	168	乳酸	161
スクラロース	172	尿酸	108
スクロース（ショ糖）	115	尿素	108
スチレン	53, 86		

❖ は ❖

ステロイド	122		
スフィンゴシン	121	バラシクロビル	79
スフィンゴミエリン	121	バリン	128
スルファニルアミド	86	ヒスタミン	103
セリン	128	ヒスチジン	98, 103
セルロース	118, 176	ビスフェノールA	167
		氷酢酸	69

❖ た ❖

		ピリジン	102
タキソール	93	ピリドキシン（ビタミンB_6）	102
チアゾール	102	ピリミジン	102
チアミン（ビタミンB_1）	102	フェニルアラニン	81, 128
チミン	98, 103, 142	フェノール	87, 90
チロシン	81, 128	ブタジエン	166
デオキシアデノシン	142	フタル酸ジイソノニル（DINP）	160
デオキシアデノシン一リン酸	143	ブタン	19
デオキシアデノシン三リン酸	143	プリン	102
デオキシアデノシン二リン酸	143	フルクトース（果糖）	115
デオキシグアノシン	142	プレドニゾロン	124
デオキシシトシン	142	プロゲステロン	122
デオキシチミジン	142	プロパン	19
デオキシヌクレオチド	143	プロピレン	48, 53, 87

プロリン	128	ホルムアルデヒド		68

ヘキサメチレンジアミン	164			
ペニシリン	182			

❖ ま ❖

ペニシリンG	182	マイトトキシン	4
ヘモグロビン	135	マルトース（麦芽糖）	116
ベンズアルデヒド	89	ミドドリン（メトリジン）	108
ベンゼン	25, 82	無水酢酸	70
ベンゼンスルホン酸	86	メタクリル酸メチル	53
ホスファチジン酸	120	メタノール	10, 62
ポリアクリロニトリル	97	メタン	6
ポリアクリロニトリル（PAN）	53, 109, 110	メチオニン	128
ポリアセチレン	59	メチオニンエンケファリン	131
ポリイソプレン	166	メチシリン	183
ポリウレタン	167	メチルアルコール	62
ポリエステル	73	メラミン	162
ポリエチレン	51	メントール	38
ポリエチレン（PE）	53	モルヒネ	181
ポリエチレングリコール（PEG）	167		
ポリエチレンテレフタラート（PET）	73		

❖ や ❖

ポリ塩化ビニル（PVC）	53	ヨウ化メチル	101
ポリカーボネート（PC）	166		

❖ ら ❖

ポリグリコール酸	161		
ポリクロロプレン	166	酪酸メチル	72
ポリ酢酸ビニル	78	ラグドゥネーム	172
ポリ酢酸ビニル（PVAc）	53	ラクトース（乳糖）	116
ポリスチレン	81, 86	リグニン	180
ポリスチレン（PS）	53	リコペン	58
ポリスルホン	167	リシン	98
ポリテトラフルオロエチレン（PTFE）	53	リドカイン	101, 105
ポリ乳酸	161	リボース	146
ポリヒドロキシエチルメタクリレート	55	リボフラビン（ビタミンB_2）	102
ポリビニルアルコール	77	リモネン	36
ポリビニルピロリドン	55	リン酸	142
ポリプロピレン（PP）	53	ルテイン	58
ポリメタクリル酸メチル（PMMA）	53	ロイシン	128
ホルマリン	68	ロラタジン	85

索　引

❖ 英数字 ❖

α-アミノ酸	127
α 炭素	127
α-ヘリックス	133
β-カロテン	58
β-シート	133
π 結合	29
σ 結合	28
1 価アルコール	63
2 価アルコール	63
3 価アルコール	63
3 大栄養素	171
3 大合成繊維	177
3′ 末端	143
4 大天然繊維	176
5′ 末端	143
C 末端	131
DNA	141
DNA シーケンサー	191
DNA シンセサイザー	189
DNA ポリメラーゼ	144
IUPAC 名	197
IUPAC 命名法	197
L-アミノ酸	128
mRNA	147
mRNA ワクチン	194
m-(メタ)異性体	88
ncRNA	148
N 末端	131
o-(オルト)異性体	88
p-(パラ)異性体	88
RNA	146
RNA 複製酵素	154
RNA ポリメラーゼ	148, 194
rRNA	148
sp^2 混成軌道	28
sp^3 混成軌道	28
sp 混成軌道	30
tRNA	148

❖ あ ❖

アクリル繊維	56, 164
アセチル化	86
アセテート繊維	177
アミド	99
アミド結合	105

アミノ酸	127
アミノ末端	131
アミン	99
アルカン	18
アルキル化	86
アルキル基	86
アルキン	24, 56
アルケン	22, 47
アルコール	61
——発酵	115
アルデヒド	65
アンチコドン	150
アンドロステロン	123
一次構造	133
医薬品	181
陰イオン界面活性剤	178
ウイルス	153
ウレタン結合	167
液相合成法	186
エステル	70
——化	70
——結合	70
——交換	73
エーテル	75
——結合	75
エネルギー産生栄養素	171
エノール形	77
塩基性アミノ酸	129
塩基対	144
塩基配列	143
塩素化	84
オクテット則	5
オリゴ糖	117, 172
オリゴペプチド	130
オルト・パラ配向性	88

❖ か ❖

開環重合	164
界面活性剤	178
化学療法薬	181, 182
核酸	146
——塩基	142
加水分解	71
可塑剤	160
活性体	74
活性部位	137
紙	181

カルボキシ基	68	コドン	149
カルボキシ末端	131	コポリマー	55
カルボニル化合物	65	ゴム	165
カルボニル基	65	コールタール	92
カルボン酸	68		
——エステル	70	**❖ さ ❖**	
カロリー	171	再生繊維	176
環式炭化水素	18	ザイツェフ則	50
官能基	10	最適 pH	138
慣用名	197	最適温度	137
木	179	鎖式炭化水素	18
基質	137	殺菌消毒薬	181
——特異性	137	サブユニット	135
軌道	26	サーマルサイクラー	193
逆転写	154	サルファ剤	182
——酵素	154, 193	サンガーのジデオキシ法	189
——ポリメラーゼ連鎖反応（RT-PCR）	194	残基	131
キャピラリー電気泳動法	191	三次構造	134
球状タンパク質	135	酸性アミノ酸	129
共重合	55	酸無水物	69
——体	55	ジアステレオ異性体	38
鏡像異性体	34	シクロアルカン	18
共役二重結合	57	シクロアルケン	22
キラル	34	脂質二重層	121
クメン法	87	シス形	24
グリコシド結合	115	シス–トランス異性体	24
グリセロリン脂質	121	ジスルフィド結合	134
クロロプレンゴム	166	示性式	12
ケクレ構造	6	失活	137
ケト–エノール互変異性	77	ジペプチド	130
ケト形	77	脂肪	72
ケトン	65	脂肪酸	72
ゲノム	191	脂肪族炭化水素	25
けん化	72	脂肪油	72
原子団	10	重合体	51
高エネルギーリン酸結合	154	重合度	52
硬化油	175	重合反応	51
高次構造	133	修飾	119
合成ゴム	165	縮合	69
合成紙	55	縮合剤	185
合成樹脂	157	縮合重合	158
合成繊維	163	主鎖	8
合成中間体	85	主作用	181
抗生物質	182	樹脂	157
酵素	136	主生成物	50
構造異性体	21	瞬間接着剤	110
構造式	6	少糖	117
高尿酸血症	105	——類	171
高分子	51	生薬	181
——化合物	51	植物繊維	176
骨格	131	食物繊維	171
——構造	8	シリコーンゴム	169

シリコーン樹脂	168
親水性	62
水和反応	48
ステロイド骨格	122
スパイクタンパク質	194
スフィンゴリン脂質	121
スプライシング	148
スルホ基	86
スルホン化	86
生分解性繊維	161
生分解性プラスチック	161
性ホルモン	122
セッケン	177
瞬間接着剤	165
繊維	175
繊維状タンパク質	135
線結合構造	6
双性イオン	129
相補性	144
側鎖	8, 127
疎水性	62

❖ た

第一級アミン	99
第一級アルコール	64
第三級アミン	99
第三級アルコール	64
対症療法薬	181, 182
耐性菌	183
第二級アミン	99
第二級アルコール	64
第四級アンモニウム塩	101
脱水縮合	69
脱水反応	49
脱離反応	49
多糖	117
──類	172
炭化水素	11
──基	11
短縮構造	7
単純タンパク質	135
炭水化物	113, 171
炭素繊維強化プラスチック（CFRP）	169
単糖	117
──類	172
タンパク質	127, 133
単量体	51
置換基	19
──効果	88
置換反応	19
中性アミノ酸	129
痛風	104

デオキシヌクレオチド	143
デオキシリボース	142
デオキシリボヌクレオシド	142
──一リン酸	143
──二リン酸	143
──三リン酸	143
デオキシリボヌクレオチド	143
テーラーメイド医療	191
転位反応	77
転化糖	116
電子殻	25
電子式	6
転写	148
点電子構造	6
天然ゴム	57, 165
天然繊維	176
天然変性タンパク質	136
糖アルコール	172
等価	26
糖質	113
導電性高分子	59
等電点	129
動物繊維	176
糖類	113
ドーピング	59
トランス形	24
トランスファー RNA	148
トリペプチド	130

❖ な ❖

軟化点	160
二次構造	133
二重らせん	144
二糖	117
──類	172
ニトリル	99
ニトロ化	85
ニトロ化合物	99
尿素樹脂	162
ヌクレオシド	142
ヌクレオチド	142
熱可塑性樹脂	160
熱硬化性樹脂	162
ノンコーディング RNA	148

❖ は ❖

バイオディーゼル	73
ハース式	114
ハロゲン化	84
ハロゲン化アルキル	101
半合成繊維	177
半保存的複製	146

非イオン性界面活性剤	179	ポリペプチド	130
微結晶	160	ポリマー	51
非晶質	160	ポリメラーゼ連鎖反応（PCR）	192
必須アミノ酸	129, 173	ホルミル基	65
必須脂肪酸	174	ホルモン	122
ヒトゲノム計画	191	翻訳	149

❖ ま ❖

ヒドロキシ基	61		
ビニル基	52		
ビニル系ポリマー	53	マルコフニコフ則	48
ファントホッフの法則	52	無機化学	1
フェノール樹脂	161, 162	無機化合物	1
フェノール類	61, 90	無水酢酸	70
付加重合	51	メソ化合物	43
付加縮合	161	メタ配向性	89
付加反応	47	メタンハイドレート	6
複合タンパク質	135	メッセンジャー RNA	147
副作用	181	メラミン樹脂	162
複製	144	メリフィールドのペプチド固相合成法	187
副生成物	50	木材	180
複素環アミン	102	モダクリル繊維	56
不斉炭素原子	35	モノグリセリド	174
ブタジエンゴム	166	モノマー	51
不飽和脂肪酸	174		

❖ や ❖

不飽和炭化水素	24		
プライマー	191	薬理作用	181
プラスチック	157	有機化学	1
プリン体	104	有機化合物	1
プロドラッグ	74	油脂	72
分子式	7	ゆらぎ塩基対	153
分子生物学のセントラルドグマ	148	陽イオン界面活性剤	178
平均分子量	159	四次構造	134

❖ ら ❖

ペプチド	130		
ペプチド結合	130		
ペプチドシンセサイザー	188	リボヌクレオシド	147
変性	136	リボヌクレオチド	147
芳香族アミン	85	両性界面活性剤	179
芳香族炭化水素	25, 82	リン酸エステル	120
芳香族ニトロ化合物	85	リン酸ジエステル	120
飽和脂肪酸	174	リン酸トリエステル	120
飽和炭化水素	24	リン酸モノエステル	120
保護基	186	リン脂質	120
ホモポリマー	55	ルイス構造	6
ポリエステル	73	レーヨン	176
ポリヌクレオチド	143		

【著者紹介】
野島　高彦（のじま　たかひこ）
北里大学一般教育部自然科学教育センター教授

1968 年　東京都生まれ
1996 年　東京大学大学院工学系研究科博士課程修了
博士（工学）
専　門　生体高分子化学

X（旧 Twitter）ID　@TakahikoNojima
ウェブサイトの URL　http://www.takahiko.info/

医療・生命系のための有機化学

2024 年 10 月 20 日　第 1 版　第 1 刷　発行

検印廃止

著　者	野　島　高　彦
発行者	曽　根　良　介
編集担当	栫　井　文　子
	澤　藤　萌　佳
発行所	(株) 化　学　同　人

〒600-8074　京都市下京区仏光寺通柳馬場西入ル
編 集 部　TEL 075-352-3711　FAX 075-352-0371
企画販売部　TEL 075-352-3373　FAX 075-351-8301
　　　　　　　　　　　振替　01010-7-5702
e-mail　webmaster@kagakudojin.co.jp
URL　https://www.kagakudojin.co.jp

JCOPY 〈出版者著作権管理機構委託出版物〉
本書の無断複写は著作権法上での例外を除き禁じられています．複写される場合は，そのつど事前に，出版者著作権管理機構（電話 03-5244-5088，FAX 03-5244-5089，e-mail: info@jcopy.or.jp）の許諾を得てください．

本書のコピー，スキャン，デジタル化などの無断複製は著作権法上での例外を除き禁じられています．本書を代行業者などの第三者に依頼してスキャンやデジタル化することは，たとえ個人や家庭内の利用でも著作権法違反です．

乱丁・落丁本は送料当社負担にてお取りかえいたします．

印刷・製本　(株) シナノ パブリッシングプレス

Printed in Japan　© Takahiko Nojima　2024　無断転載・複製を禁ず　ISBN978-4-7598-2386-8